Pflanzen und Tiere um uns

Gertrude Maurer

Pflanzen und Tiere um uns

Mein erstes Bestimmungsbuch

Mit 257 Aquarellen
von Lothar Wanko

J&V

Für die wissenschaftliche Beratung danke ich Frau Oberstudienrat Dr. Hedwig List, Pädagogische Akademie des Bundes in Wien (zoologischer Teil), und Herrn Walter Forstner, Hochschule für Bodenkultur in Wien (botanischer Teil).

Gertrude Maurer

Künstlerische Gestaltung: akad. Maler Lothar Wanko

Layout: Gertrude Maurer

Umschlagfoto: Gábor Bősze

Die Fotos auf den Seiten 17, 49, 113 wurden uns freundlicherweise von AGFA-FOTO, auf den Seiten 77 und 99 von Hedwig List und das Foto auf Seite 123 von Helmut Partaj zur Verfügung gestellt.

Montage von Text und Illustrationen, Umschlaggestaltung: Winfried Opgenoorth

ISBN 3-7141-5265-2 Jugend & Volk

Druck: M. Theiss, 9400 Wolfsberg

Inhalt:

Lieber junger Leser!

In diesem Buch stelle ich dir einige Pflanzen und Tiere deiner Heimat vor. Bild und „Steckbrief" sollen dir helfen, Bäume, Blumen, Vögel, Schmetterlinge, Käfer und andere Lebewesen der reichen Natur kennenzulernen.
Ich habe Pflanzen und Tiere ausgewählt, denen ich auf meinen unzähligen Wanderungen und Spaziergängen immer wieder begegnet bin.
Ein Künstler und echter Freund der Natur hat die Bilder dieser Pflanzen und Tiere mit viel Liebe gemalt; er hat die Schönheit und Farbenpracht der einzelnen Lebewesen eingefangen.
Wandere mit dem Buch recht oft hinaus in die Natur und lerne Pflanzen und Tiere kennen!
Trachte, ein richtiger Naturforscher zu werden!
Du findest im Anhang des Buches viele Anregungen, wie du dich mit Pflanzen und Tieren beschäftigen kannst, um dein Wissen zu vertiefen und zu erweitern.
Jede Begegnung mit der Natur wird dir viel Freude bringen.
Du wirst selbst an kleinen Lebewesen viel Staunenswertes und Wunderbares, manchmal sogar Sensationelles finden.
Nimm dir vor, Pflanzen und Tiere immer und überall zu schützen!
Viel Freude und Erfolg bei der Arbeit mit diesem Buch wünscht dir

die Verfasserin

Wie du mit diesem Buch arbeitest

Das Buch bringt 257 Abbildungen. Es zeigt häufig vorkommende und auffällige Pflanzen und Tiere (mit Ausnahme von Säugetieren) der verschiedenen Lebensräume.
Neben jedem Bild stehen der Name des Lebewesens, Hinweise für das Erkennen und wichtige Erklärungen.
Die Zahl neben dem Text weist darauf hin, daß im Anhang (Seite 147) Anregungen für die Beschäftigung mit dem Tier oder mit der Pflanze zu finden sind.

Für das rasche Auffinden der Abbildungen mußt du die Einteilung des Buches verstehen:
Das Buch ist in sechs große Abschnitte gegliedert. Die Gliederung entspricht den Lebensräumen Wald, Wiese, Feld und Wegrand, Wasser, Gebirge, Garten und Park; sie ist durch Farben gekennzeichnet. Jede Seite trägt an der äußeren oberen Ecke das entsprechende farbige Quadrat:

Wald	Feld und Wegrand	Gebirge
Wiese	Wasser	Garten und Park

Innerhalb jedes Lebensraumes besteht eine Einteilung nach Pflanzen und Tieren. Pflanzen sind nach Bäumen, Sträuchern, Blumen, Pilzen geordnet, Tiere nach Vögeln, Fischen, Fröschen, Schmetterlingen, Käfern usw. gruppiert.
Ein Zeichen in dem farbigen Quadrat jeder Seite gibt an, ob auf der Seite Pflanzen oder Tiere abgebildet sind:

Pflanzen

Tiere

Ein Beispiel für das Bestimmen:

Du findest im Wald eine weiß blühende Blume.
Schlage im Buch den Abschnitt mit den dunkelgrünen Ecken und dem Zeichen für Pflanze auf!
Blättere bis zu den Seiten mit weiß blühenden Blumen!
Schaue genau, ob „deine" Blume abgebildet ist!
Hast du sie gefunden, lies nach, was neben dem Bild steht, und prüfe, ob alles übereinstimmt!
Präge dir nun Namen und Erkennungszeichen genau ein!
Findest du neben dem Text eine Zahl, schlage noch im Anhang nach! Trachte, den Auftrag, der dort steht, wirklich auszuführen!

Du kannst mit dem Buch auch anders arbeiten:

Gewiß findest du manchmal eine Pflanze oder ein Tier, deren Namen du zu wissen glaubst.
Schlage im alphabetischen Verzeichnis nach! Dort stehen die Namen aller in diesem Buch abgebildeten Pflanzen und Tiere mit Seitenangabe.
Du kannst nun leicht das Bild finden, das zu „deinem" Namen gehört, und durch Vergleichen feststellen, ob du das Tier oder die Pflanze richtig erkannt hast.

Sehr interessant ist es auch, mit dem Buch auf die Suche nach Pflanzen und Tieren zu gehen:

Du könntest z. B. vor einer Frühjahrswanderung in den Wald oder vor einem Herbstspaziergang in den Park den zum Lebensraum passenden Abschnitt im Buch durchblättern, die Bilder aufmerksam betrachten und die Erklärungen und Hinweise (auch im Anhang) genau lesen.
Nun wählst du dir eine bestimmte Pflanze oder ein bestimmtes Tier (oder auch einige) aus, prägst dir Aussehen und Namen genau ein und trachtest dann, das Lebewesen in der Natur zu entdecken.

Vielleicht hast du manchmal Lust, als „Naturforscher" zu arbeiten, ohne vorher eine Pflanze oder ein Tier bestimmt zu haben.

Schlage in diesem Fall gleich den Anhang des Buches auf!
Wähle einen zur Jahreszeit passenden Auftrag aus, den du gerne ausführen möchtest!
Mit Hilfe der Seitenangaben, die neben den Aufträgen stehen, findest du die Abbildungen der Pflanzen und Tiere, mit welchen du dich — dem Auftrag entsprechend — beschäftigen kannst.

Beachte!

Manche Tiere und Pflanzen kommen in mehreren Lebensräumen vor, sind aber in diesem Buch nur einem Abschnitt zugeordnet.
So findest du z. B. die Abbildungen einiger Bäume und Sträucher und einiger Vögel, die auch im Wald vorkommen, nur im Abschnitt „Park und Garten". (Im Park und im Garten kannst du diese Lebewesen nämlich leichter und häufiger sehen!)
In diesem „ersten Bestimmungsbuch" sind von den vielen Tausenden Pflanzen und Tieren, die es in der Natur gibt, selbstverständlich nur einige — die häufigsten — dargestellt.
Willst du mehr Pflanzen und Tiere kennenlernen, mußt du in umfangreicheren Bestimmungsbüchern nachschlagen.

Dieses Zeichen ● neben dem Namen einer Pflanze bedeutet:
Diese Pflanze ist giftig!

Bei Pflanzen und Tieren, die fast überall unter Naturschutz stehen, findest du einen Hinweis im Text.
Achte immer auch auf die besonderen Naturschutzbestimmungen des Gebietes, in dem du dich aufhältst!

Bevor du mit dem Buch zu arbeiten beginnst, studiere die folgenden Skizzen genau und merke dir die wichtigsten Bezeichnungen! Du wirst dann den Text neben den Bildern besser verstehen und die „Erkennungszeichen" leichter finden.

Was du für das Bestimmen der Pflanzen wissen sollst:

Wie eine Blume gebaut ist:

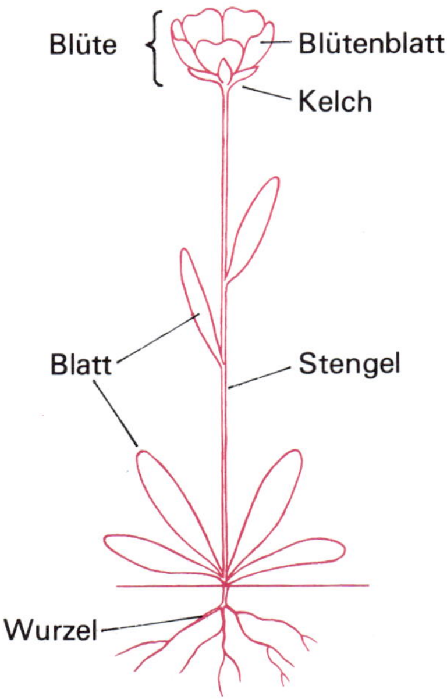

Blüten haben verschiedene Formen:

Manche Pflanzen haben in der Erde besondere Einrichtungen:

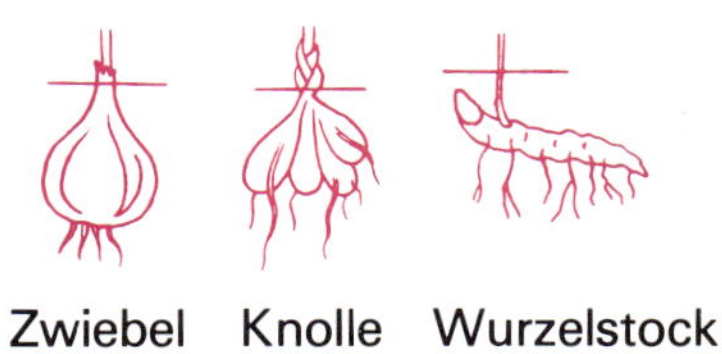

Eine Blüte besteht aus mehreren Teilen:

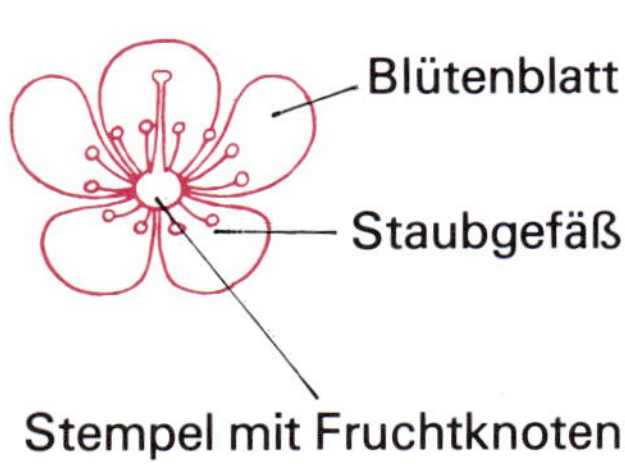

Aus Fruchtknoten werden Früchte, die die Samen enthalten:

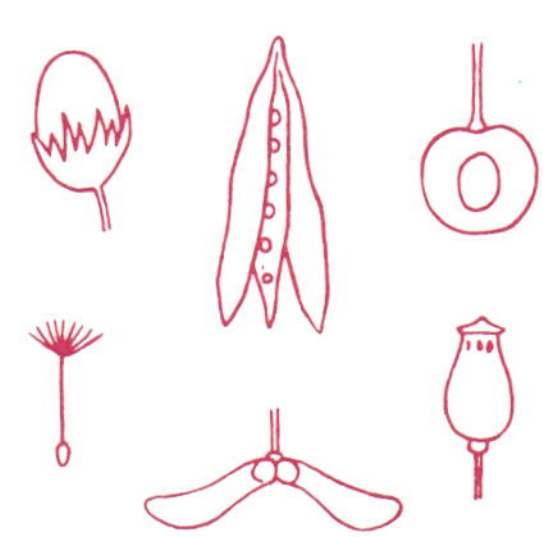

Bei vielen Pflanzen stehen mehrere oder viele Blüten beisammen . . .

. . . in einem Körbchen

. . . in einem Köpfchen

. . . in einer Traube

. . . in einer Ähre

. . . in einer Rispe

. . . in einer Dolde

Blätter haben verschiedene Formen:

Blätter können aus Blättchen zusammengesetzt sein:

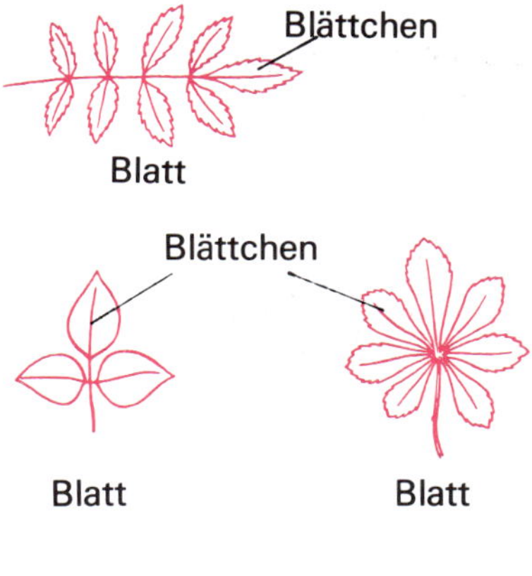

Was du für das Bestimmen der Tiere wissen sollst:

Was an einem Vogel zu beachten ist:

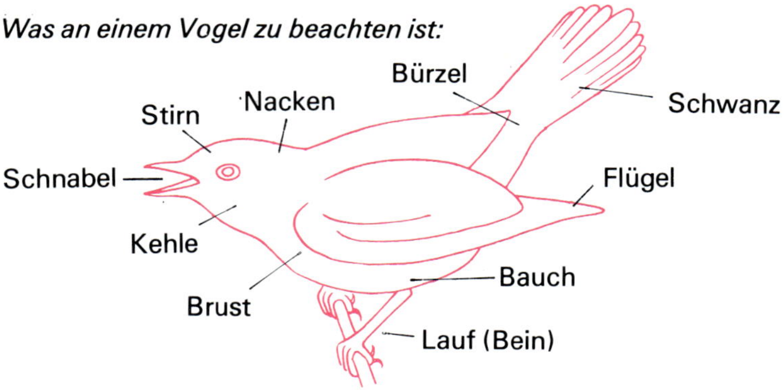

Was an einem Fisch auffällt:

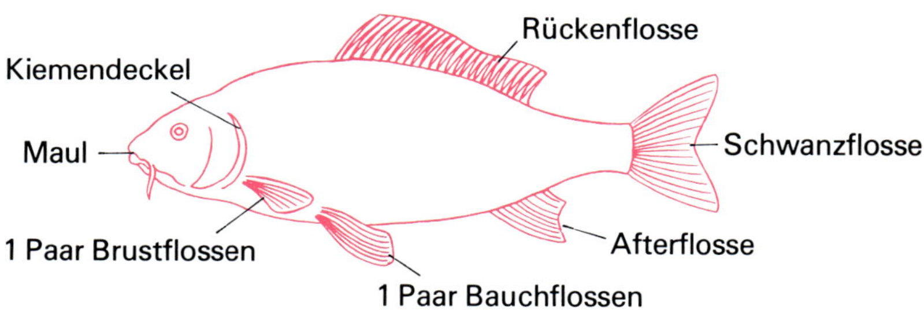

Schmetterling und Käfer sind ähnlich gebaut:

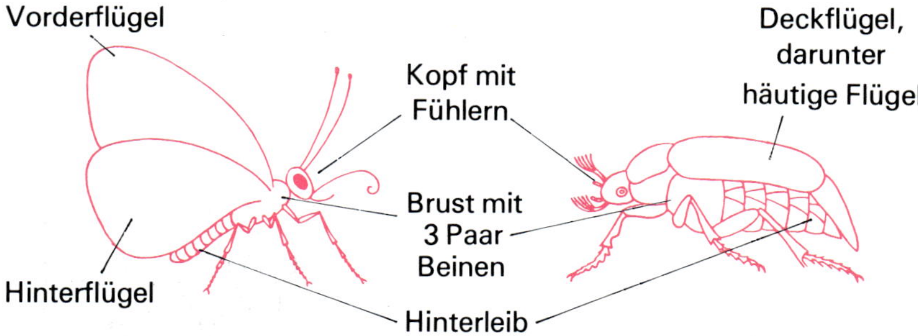

Wald

Zum Wald fühlen wir uns sehr stark hingezogen. Von ihm geht zu jeder Jahreszeit ein besonderer Zauber aus.
Laubwald, Nadelwald, Mischwald — jeder hat seine Eigenart, jeder ist Lebensraum vieler Pflanzen und Tiere.
Moose, Kräuter, Stauden, Sträucher und Bäume nützen Luft und Licht aus und nehmen Feuchtigkeit und Nährstoffe aus dem Boden.
Tieren bietet der Wald Wohnstätte und Unterschlupf:
Unzählige Insekten leben in seiner Moos- und Grasdecke und in Rinde und Holz der Bäume; Vögel nisten im Gebüsch und in den Baumkronen; viele Tiere halten sich im Dickicht auf. Zahlreiche Tiere finden im Wald ihre Nahrung. Sie fressen Früchte, Samen, Triebe, Gräser, aber auch kleine Tiere.
Durch das Vertilgen von Schädlingen, das Bestäuben von Blüten und durch das Verbreiten von Samen tragen die Tiere zur Erhaltung des Waldes bei.
Dem Menschen dient der Wald in vielfältiger Weise:
Er verbessert die Luft, er speichert Wasser, er schützt vor Sturm und Lawinen, er gibt Holz, Pilze, Beeren und Kräuter. Besonders wichtig ist der Wald als Erholungsgebiet für den Menschen.

Verhalte dich im Wald ruhig!
Bleibe auf erlaubten Wegen!
Lasse keine Abfälle im Wald zurück!

Die Hainbuche,
auch **Weißbuche** genannt, hat Blätter mit einem scharf gesägten Rand.
Die Früchte haben Flügel mit drei Lappen; sie werden vom Wind vertragen.

①

Die Rotbuche
fällt durch ihre glatte, silbergraue Rinde auf.
Die eiförmigen Blätter haben einen gewellten Rand.
Die Früchte — Bucheckern — dienen manchen Tieren als Nahrung.

①

Die Sommereiche
oder **Stieleiche** ist ein großer, stattlicher Baum.
Die Blätter haben unregelmäßige Lappen.
Die Früchte — Eicheln — **stecken in** Bechern auf langen Stielen.

①

Die Lärche
ist der einzige Nadelbaum, der im Herbst die Nadeln abwirft.
Die Nadeln sind kurz, weich und hellgrün; sie stehen in Büscheln.
Die kleinen, rundlichen Zapfen fallen erst mit dem abgestorbenen Aststück ab.

③

Die Fichte
hat spitze, vierkantige Nadeln. Die Zapfen hängen; sie fallen nach dem Ausfliegen der Samen als Ganzes ab.

(2)

Die Tanne
hat stumpfe (eingekerbte) Nadeln mit zwei Wachsstreifen an der Unterseite. Die Zapfen stehen aufrecht und zerfallen, wenn die Samen reif sind; die Spindeln bleiben stehen.

(4)

Die Rotföhre
oder **Gemeine Kiefer**
ist vor allem an der rötlichen Rinde zu erkennen.
Die Nadeln sind lang und spitz; sie stehen paarweise.
Die Zapfen sind zuerst grün und geschlossen; sie reifen im zweiten Jahr und fallen im dritten Jahr ab.

② ③

Die Schwarzföhre
oder **Schwarzkiefer**
hat als alter Baum zumeist eine schirmförmig gewölbte Krone (Schirmföhre).
Die rissige Rinde ist schwarzgrau.
Die Nadeln der Schwarzföhre sind länger als die der Rotföhre; sie stehen ebenfalls paarweise.

② ③

Die Himbeere
finden wir auf Holzschlägen.
Die Zweige sind mit feinen Stacheln besetzt.
Die Blätter haben eine weißliche, filzige Unterseite.
Am besten ist der Strauch an den roten Früchten zu erkennen.

(13)

Die Brombeere
hat starke, gekrümmte Stacheln.
Sie bildet oft dichte Hecken.
Die dunkelgrünen Blätter bleiben manchmal im Winter an den Zweigen.
Die Früchte sind zuerst grün, dann rot, ausgereift glänzend schwarz.

(13)

Die Erdbeere
hat auffallend rote Früchte.
Man erkennt die Pflanze auch an den weißen Blüten und an den Blättern, die aus drei Blättchen zusammengesetzt sind.
In lichten Wäldern bedecken Erdbeerpflanzen oft große Flächen.

Die Heidelbeere
ist in Nadelwäldern oft massenhaft zu finden.
Die Beeren sind zuerst grün, später rot und in reifem Zustand schwarzblau.

Der Steinpilz
oder **Herrenpilz** ist ein sehr beliebter Speisepilz.
Er wächst in Laub- und in Nadelwäldern.
Der Hut des jungen Pilzes ist hellbraun; der ausgewachsene Pilz hat einen dunkelbraunen Hut.
Die olivgrüne Schicht an der Hutunterseite besteht aus feinen Röhrchen.

(14)

Der Parasolpilz
oder **Riesenschirmpilz**
ist auffallend groß (Durchmesser des Hutes bis 30 cm).
Der ausgewachsene Pilz sieht einem Schirm, der junge Pilz einem Paukenschlegel ähnlich.
Gebacken sind die Hüte des Parasolpilzes ein beliebtes Pilzgericht.

(14) (24)

Der Grüne Knollenblätterpilz ●
ist ein besonders gefährlicher Giftpilz.
Man erkennt ihn an der abstehenden, gelappten Hülle (Scheide) am knolligen Stielende.
Der Grüne Knollenblätterpilz kommt im Laubwald, vor allem im Eichenwald, vor.

(14) (24)

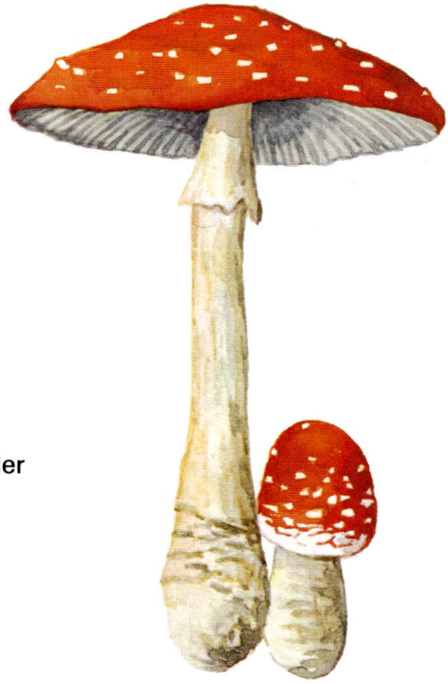

Der Fliegenpilz ●
ist giftig. Er wurde früher zur Bekämpfung von Fliegen verwendet.
Die weißen „Tupfen" auf dem leuchtendroten Hut sind Reste der Hülle, in welcher der junge Pilz steckte.
Fliegenpilze findet man in Laub- und in Nadelwäldern.

(14) (24)

Der Butterpilz
hat an der Hutunterseite eine buttergelbe Schicht mit feinen Röhren.
Der Ring am Stiel ist der Rest des Schleiers, von dem der junge Pilz umgeben war.

Der Butterpilz ist eßbar; man findet ihn vor allem unter Föhren.

(14) (24)

Der Eierschwamm
hat seinen Namen nach seiner auffallend dottergelben Farbe.
Er heißt auch **Pfifferling,** weil er etwas nach Pfeffer schmeckt.
Er wächst oft massenhaft in Nadelwäldern und wird sehr gerne gesammelt und gegessen.

(14) (24)

Der Satanspilz ●
ist sehr giftig.
Er hat einen hellen Hut mit einer roten Unterseite.
Der Stiel ist rot und gelb gefärbt.
An Schnitt- und Bruchflächen läuft der Pilz blau an.

(14) (24)

Der Hallimasch
wächst in Büscheln an Baumstümpfen und auf Wurzeln lebender Bäume.
Er tritt oft massenhaft auf.
Aus den jungen Hüten bereitet man ein gutes Pilzgericht.

(14)

Die Bärentatze
wird auch **Ziegenbart** genannt.
Der Pilz kommt in unseren Nadelwäldern ziemlich häufig vor.
Die verzweigte Form erinnert an einen Korallenstock.

(14) (24)

Der Flaschenbovist
oder **Flaschenstäubling**
sieht wie eine verkehrte Flasche aus.
Man findet ihn in Wäldern, aber auch auf Waldlichtungen.
Die Innenmasse ist zuerst weiß, später gelblich. Sie zerfällt zuletzt in braunen Staub, der durch die Öffnung am ,,Scheitel'' entweicht.

(14) (24)

Das Schneeglöckchen
blüht bereits, wenn noch Schnee liegt.
Es ist an seiner Blütenform zu erkennen. Die drei äußeren Blütenblätter sind groß und weiß, die inneren kleiner und grünlich.
Das Schneeglöckchen hat eine Zwiebel, in der Nährstoffe gespeichert sind.

(24)

Die Frühlingsknotenblume
ist größer als das Schneeglöckchen. Alle Blütenblätter sind gleich groß; sie haben an der Spitze einen gelben Fleck. Die Blüte duftet.

(24)

Die Schneerose ●
findet man schon gegen Ende des Winters an schneefreien Stellen.
Die Blüten sind anfangs rein weiß, später rosa und grünlich.
Die lederartigen Blätter sind immergrün.

(24)

Das Buschwindröschen
kann man schon zeitig im Frühjahr sehen.
Es ist an den hoch am Stengel angewachsenen Blättern gut zu erkennen.

(Das Gelbe Windröschen sieht dem Buschwindröschen ähnlich, hat aber gelbe Blüten.)

Der Hohle Lerchensporn
hat eine besondere Form der Blüte (Sporn) und in der Erde eine hohle Knolle.
Viele Blüten stehen in einer Traube beisammen. Sie sind trübrot, violett oder weiß.

(24)

Der Waldmeister
hat dunkelgrüne Blätter, die in Quirlen um den vierkantigen Stengel stehen.
Die welkende Pflanze duftet stark. Waldmeister findet man in Laub- und in Mischwäldern oft in großen Massen.

(25)

Der Bärenlauch
hat ähnliche Blätter wie das Maiglöckchen.
Er ist am Knoblauchgeruch zu erkennen.
Die Pflanze wächst oft massenhaft in schattigen, feuchten Laubwäldern.

(25)

Das Maiglöckchen ●
hat stark duftende Blüten. Der Duft lockt Insekten an.
Die Pflanze kommt in Wäldern verschiedener Art oft in dichten Beständen vor; sie enthält Giftstoffe.

(24) (25)

Der Knollige Beinwell
wächst in feuchten Wäldern und in Gebüschen.
Er hat einen knollenartigen Wurzelstock.
Beinwell wurde in alter Zeit zur Heilung von Knochenbrüchen verwendet.
(Auf nassen Wiesen und an Wegrändern kann man den rotviolett blühenden Gemeinen Beinwell finden.)

(24)

Das Scharbockskraut
ist an den rundlich-herzförmigen, glänzenden Blättern zu erkennen.
Die Blätter erscheinen zeitig im Frühjahr vor den Blüten.
Die Pflanze wurde früher als Heilmittel gegen die Vitaminmangelkrankheit Skorbut (Scharbock) verwendet.

(24)

Das Große Springkraut
heißt auch „Rühr-mich-nicht-an".
Die reife Frucht springt bei geringster Berührung auf und schleudert die Samen aus.
Die großen, gelben Blüten haben eine auffallende Form; sie hängen an dünnen Stielen.

(23) (24)

Das Habichtskraut
erinnert mit seinen gelben Blütenkörbchen an die Kuhblume.
Es gibt viele verschiedene Arten des Habichtskrautes.

Das Leberblümchen
wurde früher als Heilmittel gegen Leberleiden verwendet.
Die Blüten des Leberblümchens schließen sich abends und bei Regenwetter.
Die Blütenblätter fallen leicht ab.
Die dreilappigen Blätter erscheinen erst nach der Blütezeit.

(24)

Das Märzveilchen
unterscheidet sich vom Waldveilchen und vom Hundsveilchen durch die dunkelviolette Blütenfarbe.
Die Pflanze duftet stark.

(25)

Der Blaustern ●
blüht zeitig im Frühjahr; die Pflanze hat eine Zwiebel.
Der Stengel trägt mehrere sternförmige, blaue Blüten.

(Der Gelbstern sieht dem Blaustern ähnlich. Er hat gelbe Blüten, die außen grünlich gestreift sind.)

(24)

Die Frühlingsplatterbse
fällt durch ihre verschiedenfarbigen Blüten auf. Die Blüten sind anfangs leuchtend rot, dann leuchtend blau und zuletzt schmutzig blaugrün.
In den Früchten (Hülsen) stecken abgeplattete Samen.

(22) (24)

Das Lungenkraut
hat ähnliche Blüten wie die Schlüsselblume. Die Farbe der Blüten verändert sich von rot nach blauviolett.
Stengel und Blätter der Pflanze sind rauhhaarig; die Blätter sind zumeist gefleckt.

Die Gefleckte Taubnessel
sieht der Brennessel ähnlich, hat aber keine Brennhaare.
Die Blüten lassen sich mit geöffneten Lippen vergleichen.
Die Unterlippe der Blüten ist gefleckt.

(24)

Die Pfirsichblättrige Glockenblume
hat schöne, weitglockige Blüten.
Die Blätter am Stengel sind besonders schmal; die unteren Blätter sehen den Blättern des Pfirsichbaumes ähnlich.

(24)

Die Nesselblättrige Glockenblume
ist stark behaart.
Die Blätter erinnern an die der Brennessel.
Die großen Blüten haben an den Zipfeln „Wimpern".

(24)

Das Gefleckte Knabenkraut
blüht hellpurpurn, rosa, fast weiß und hellviolett.
Es hat einen besonders schönen Blütenbau.
Die Blätter sind zumeist gefleckt.
Das Gefleckte Knabenkraut ist eine Orchidee; es steht unter Naturschutz.

(28)

Der Türkenbund
hat fleischrote, gefleckte Blüten.
Die Blütenblätter sind nach oben gebogen; die Blüte sieht wie ein Turban aus.
Man findet die Pflanze bis in Höhen von 2000 m; sie ist geschützt.

(24) (28)

Der Seidelbast ●
gehört zu den geschützten Pflanzen.
Die Blüten duften stark; sie sitzen auf einem holzigen Zweig.
Die Pflanze hat zur Blütezeit noch keine Blätter oder nur Blattbüschel an den Enden der Zweige.
Der Seidelbast enthält Giftstoffe.

(28)

Der Frauenschuh
hat eine besonders schöne Form der Blüte.
Die seltene Blume steht unter Naturschutz.

(24) (28)

Der Große Buntspecht
hat ungefähr die Größe einer Amsel.
Er ist schwarz-weiß-rot gefärbt.
Auffallend sind die weißen
Schulterflecken.
Das schnelle Trommeln des Großen
Buntspechtes kann man im Wald
oder im Garten häufig hören.

(29)

Der Grünspecht
ist an seinem grünen ,,Rock'' und
an der roten Kopfplatte leicht
zu erkennen.
Er hat die Größe einer Taube.
Man kann den Grünspecht in
Laubwäldern oder in Parkanlagen
bei der Nahrungssuche (Ameisen)
auf dem Boden hüpfen sehen.

Der Eichelhäher
ist ungefähr so groß wie eine Taube. Er ist selten zu sehen; seine blauschwarzen Spiegelfedern findet man manchmal auf dem Waldboden.
Der heisere Warnruf des Eichelhähers ist oft zu hören:
„Rätsch! Rätsch!"

(31)

Der Kuckuck
ist sehr selten zu sehen, sein Ruf aber ist sehr häufig zu hören. Der ungefähr taubengroße Vogel hat ein blaugraues Gefieder mit dunklen Wellenlinien auf der hellen Unterseite.

(30) (31)

Die Zauneidechse
sieht man an Wegrändern, auf trockenen Waldlichtungen, aber auch in Gärten und Parkanlagen. Das Männchen ist im Frühsommer an den Seiten lebhaft grün gefärbt; das Weibchen ist bräunlich. Eidechsen sind scheu und flüchten blitzschnell.
Die Zauneidechse ist geschützt.

Die Blindschleiche
ist keine Schlange.
Sie hat keine Beine, ist aber mit der Eidechse verwandt.
Blindschleichen bewegen sich langsamer als Schlangen.
Die Blindschleiche steht unter Naturschutz.

Die Kreuzotter
ist unsere bekannteste Giftschlange.
Sie hat zumeist ein Zickzack-Band auf dem Rücken und ein x- oder v-förmiges Zeichen auf dem Kopf.
Die Kreuzotter hält sich an Waldrändern, auf Kahlschlägen, aber auch auf sumpfigen Wiesen und auf Geröllhalden auf.

Die Weinbergschnecke
hat ein großes Gehäuse.
Sie kommt in Gegenden mit feuchtem, kalkhältigem Boden häufig vor.

(38)

Die Hainschnirkelschnecke
ist weit verbreitet.
Das Gehäuse sieht wie eine gedrückte Kugel aus; es hat braune bis schwarze Längsstreifen (Bänder).

(38)

Die Große Wegschnecke
hat kein Gehäuse, sondern einen Kalkschild auf dem Rücken.
Man sieht sie nach Regenwetter in Wäldern und Gebüschen, an Wegrändern und auf feuchten Wiesen.

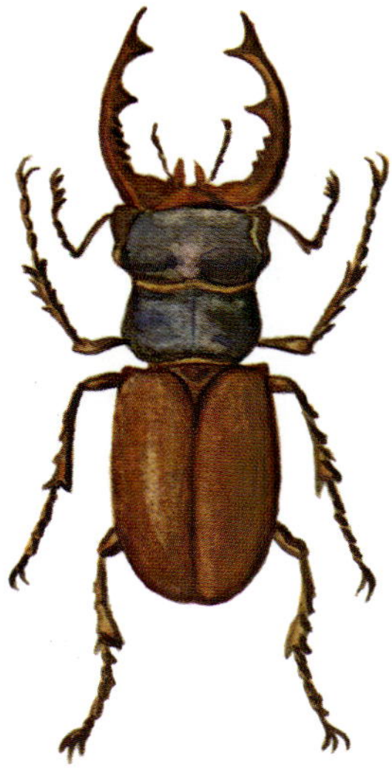

Der Hirschkäfer
lebt vor allem auf alten Eichen. Das Männchen hat geweihartig verlängerte Oberkiefer, die es wie Zangen verwenden kann.
Der große, auffallende Käfer steht unter Naturschutz.

(47)

Die Maikäfer
schwärmen im Mai. In Maikäferjahren (alle vier Jahre) kann man die Käfer in Massen auf Buchen, Eichen, Roßkastanien und auf Obstbäumen sehen. Sie fressen die Blätter und sind daher sehr schädlich.

(42) (47)

Der Goldlaufkäfer
kann nicht fliegen. Das häutige Flügelpaar ist verkümmert, und die Deckflügel sind miteinander verklebt.
In Gefahr erbricht der Käfer seinen dunklen, übelriechenden Mageninhalt, um den Gegner abzuschrecken.

(47)

Der Buchdrucker
richtet im Fichtenwald großen Schaden an.
Die Fraßgänge des Käfers findet man auf dem Holz alter Fichtenstämme und an der Innenseite der abblätternden Rinde.

(45) (47)

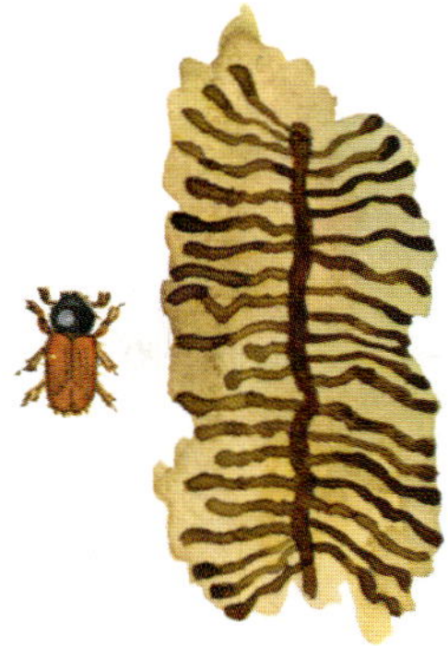

Der Ohrwurm
lebt versteckt unter Steinen und Laub.
Er wird im Volksmund auch „Ohrenschlüpfer" genannt.
Daß der Ohrwurm einem schlafenden Menschen in das Ohr kriecht, ist ein Aberglaube.
Die kräftigen Zangen am Hinterleib dienen nur der Verteidigung.

(47)

Die Feuerwanze
wird häufig für einen Käfer gehalten.
Sie kommt oft in Massen am Fuße von Baumstämmen (Linde, Ulme) vor.

(47)

Die Grüne Stinkwanze
kann man auf Laubbäumen, häufig auch auf Himbeersträuchern finden.
Aus Stinkdrüsen sondert sie eine widerlich riechende Flüssigkeit ab.
Im Herbst sind die Stinkwanzen schokoladebraun bis rotbraun verfärbt.

(47)

Die Rote Waldameise
hat einen roten Rücken und einen schwarzen Hinterleib.
Das Nest der Roten Waldameise besteht aus dem Ameisenhaufen (bis über einen Meter hoch) und aus unterirdischen Gängen und Kammern (bis zwei Meter tief).
Die Rote Waldameise ist sehr nützlich und daher geschützt.

(43)

Die Roßameise
ist die größte der einheimischen Ameisenarten (bis 17 mm).
Sie nagt in Baumstämmen oder Baumstümpfen umfangreiche Nestkammern aus.

(47)

Die Eichengallwespe
— das Weibchen — sticht ein jung Eichenblatt an und legt ein Ei hine Das Blatt bildet um die ausschlüpfende Made den Gallapfel, dem sich das Tier weiterentwicke Erst die fertige Gallwespe schlüpf aus dem Gallapfel aus.
Eichenblätter mit Galläpfeln sind häufig zu finden.

(46) (47)

Wiese

Wiesen schmücken Bergeshöhen, Hänge und Täler; trockener oder feuchter Boden gibt ihnen eigenes Gepräge. Wiesen sind reich an Blumen, Gräsern und Tieren in vielfältigen Formen und bunten Farben. Unzählige Pflanzen stehen dicht beieinander: verschieden hohe Gräser und bunt blühende Blumen. Das Kleid der Wiese ändert sich während des Jahres viele Male. Ende Juni zeigt es seine schönste Farbenpracht. Viele Tiere beleben die Wiese. Für sie ist die Wiese Wohnung oder Versteck. Sie ernähren sich von den Wiesenpflanzen oder fressen andere Tiere.

Besonders reich ist das Insektenleben auf der Wiese.

Schmetterlinge, Bienen, Hummeln, Wespen, Fliegen und Käfer holen Nektar aus den Blüten und sorgen dabei für die Bestäubung. Heuschrecken und Grillen machen sich als „Musikanten" der Wiese bemerkbar.

Manche Tiere helfen mit bei der Verbreitung der Samen, andere verbessern den Boden.

Pflanze und Tier sind voneinander abhängig.

Die Wiese bietet Futter für das Vieh; sie muß vom Menschen betreut und geschützt werden.

Schone die Wiese!
Pflücke Blumen erst auf dem Heimweg
und sei bescheiden!

Die Stengellose Schlüsselblume
oder **Primel**
ist eine der ersten Frühlingsblumen. Der Name Primel kommt vom lateinischen Wort „primula" – „die kleine Erste".
Innerhalb einer Blattrosette stehen immer mehrere Blumen beisammen; die kurzen Stengel tragen nur eine Blüte.

(24)

Die Hohe Schlüsselblume
wird auch **Himmelschlüssel** genannt.
An einem Stengel stehen viele hellgelbe Blüten in einer Dolde beisammen.

(Die Frühlings-Schlüsselblume sieht der Hohen Schlüsselblume ähnlich, hat aber duftende, dunklere, kleinere Blüten.)

Der Wiesenbocksbart
zeigt nur am Vormittag offene Blütenkörbchen, die sich mittags schließen.
Aus den verblühten Körbchen ragen die Haare der Fruchtknoten in schmalen Büscheln heraus („Bart").

(24)

Die Gemeine Kuhblume
ist überall zu finden.
Die gelben „Blätter" sind lauter Blüten, die in einem Körbchen stehen.
Der Stengel ist hohl und enthält einen weißen Milchsaft.
Die Kuhblume wird wegen der Form der Blätter auch **Löwenzahn** genannt.

(24)

Der Scharfe Hahnenfuß ●
hat leuchtendgelbe, fettglänzende Blütenblätter.
Die geteilten Blätter erinnern in ihrer Form an einen Vogelfuß.
Die Pflanze enthält ein scharf schmeckendes Gift und wird daher vom Weidevieh nicht gefressen.

(24)

Die Trollblume
ist auf feuchten Wiesen und auf Bergwiesen zu finden.
Die kugelförmigen Blüten sehen wie kleine Rosen aus.
Die Trollblume ist geschützt.

(28)

Der Hornklee
kommt auf den meisten Wiesen vor. Die gelben Blüten sind oft rötlich angelaufen. Mehrere Blüten sind in einem Köpfchen vereinigt, das wie eine Dolde aussieht.

Der Wundklee
wurde in alter Zeit als Mittel gegen schlecht heilende Wunden verwendet.
Die Blüten stehen in Köpfchen dicht beisammen. Jede Blüte steckt in einem filzigen, bauchigen Kelch.

(24)

Der Weißklee
ist auf allen Wiesen (auch im Park und im Garten) zu sehen.
Die weißen, eiförmigen Köpfchen bestehen aus vielen kleinen Blüten.
Der Weißklee duftet. Er wird von Bienen besucht, weil die Blüten reich an Nektar sind.

(24)

Der Rotklee
oder **Wiesenklee** wird auch als Futterpflanze angebaut.
An einem Stengel stehen zumeist zwei Blütenköpfe, die nacheinander aufblühen.
Die Farbe der Blüten kann dunkelrot oder rosa sein.

(24)

Die Bunte Kronwicke ●
hat eine schöne hellrosa Farbe.
Viele Blüten stehen in einer Dolde beisammen.
Der flachkantige Stengel liegt manchmal auf dem Boden.
Die Blätter bestehen aus vielen einzelnen Blättchen.

Die Esparsette
hat Blütentrauben aus rosaroten, zart gestreiften Blüten.
Die Blüten sind reich an Nektar und bieten den Bienen Nahrung.
Die Esparsette wird auch angebaut; sie ergibt nahrhaftes Futter.

Die Kuhschelle ●
oder **Küchenschelle** hat glockenförmige Blüten (Glocke = Schelle).
Die Pflanze ist behaart.
Unterhalb der Blüte stehen rund um den Stengel schmalzipfelige Blätter.
Die Kuhschelle ist geschützt.

(24) (28)

Die Herbstzeitlose ●
blüht im Herbst („Zeitlose"); Blätter und Früchte erscheinen im folgenden Frühjahr.
Die Pflanze hat eine Knolle, in der Nährstoffe gespeichert sind.
Die Herbstzeitlose ist giftig.

(24) (26)

Die Wiesenglockenblume
hat blauviolette Blüten mit ausgebreiteten Zipfeln.
Die „Glöckchen" stehen bei schönem Wetter aufrecht.

(24)

Das Wiesenschaumkraut
wächst auf feuchtem Boden.
Ende April sind feuchte Wiesen mit dem Wiesenschaumkraut übersät.
Am Stengel der Pflanze sind häufig die speichelartigen Schaumflocken der Schaumzikade zu finden.

(24) (44)

Die Kuckuckslichtnelke
fällt durch ihre großen roten Blüten mit den tief gespaltenen Blütenblättern auf.
Am Stengel der Pflanze sieht man häufig die weißen Schaumflocken der Schaumzikade — den „Kuckucksspeichel".

(24) (44)

Die Karthäusernelke
wird auch **Steinnelke** genannt.
Die Blüten stehen dicht gedrängt; sie haben gezähnte Blätter.
Der Name der Pflanze stammt angeblich von den Pflanzenkundlern J. und F. Karthäuser.

Die Wiesenwitwenblume
wird auch **Ackerwitwenblume** genannt.
Die äußeren Blüten des blauvioletten Köpfchens sind meist größer als die inneren.
Der Stengel und die Blätter der Pflanze sind behaart.

Die Große Flockenblume
hat große, kugelige Blütenkörbe mit vielen Einzelblättern.
Die am Rande stehenden Blüten sind größer als die inneren.
Es gibt mehrere Arten von Flockenblumen.

Der Wiesensalbei
fällt durch die kräftige blauviolette Farbe der Blüten auf.
Die Form der Blüten erinnert an einen geöffneten Mund.
Der Wiesensalbei kommt auf Wiesen, aber auch an Wegrändern häufig vor.

Die Vogelwicke
hat sehr viele kleine blauviolette Blüten, die in einer Traube beisammenstehen.
Die Pflanze umschlingt mit ihren Ranken Halme und Stengel anderer Pflanzen, um Halt zu finden.

Der Wiesenstorchschnabel
ist an der Form der Früchte gut zu erkennen. Sie sehen wie der Schnabel eines Storches aus.
Die Samen des Storchschnabels werden ausgeschleudert.

(24)

Der Gamander-Ehrenpreis
hat leuchtendblaue Blüten mit dunklen Adern.
Der Stengel und die gekerbten Blätter sind behaart.
Es gibt viele Ehrenpreisarten.

Das Gänseblümchen
ist vom zeitigen Frühjahr an bis in den Herbst hinein überall zu sehen. Das Körbchen schließt sich nachts und bei feuchtem Wetter; es dreht sich oft nach der Sonne.

Die Margerite
wird auch **Wucherblume** genannt. Sie tritt oft massenweise auf. Die weißen „Zungen" am Rande und die gelben „Röhren" in der Mitte des Körbchens sind lauter kleine Blüten.

(24)

Die Gemeine Schafgarbe
ist eine Heilpflanze.
Man kann sie an ihrem aromatischen Geruch erkennen.
Die vielen kleinen Blütenkörbchen sind weiß oder rosarot.
Die Schafgarbe ist auch an Wegrändern zu finden.
Schafe fressen die Pflanze gerne.

(24) (25)

Die Wetterdistel
heißt auch **Eberwurz** oder **Silberdistel.**
Bei feuchtem Wetter schließen sich die silbrigen Hüllblätter über dem Blütenkorb.

(24)

Die Wilde Möhre
ist von den vielen ähnlichen Pflanzen gut zu unterscheiden:
In der Mitte der meisten Dolden ist eine dunkelrote Blüte.
Die Wilde Möhre ist mit der Karotte verwandt; ihre Wurzel ist jedoch holzig und schmeckt scharf.

(20) (21) (24)

Der Wiesenbärenklau
wird besonders groß:
Die „Riesendolde" ist aus vielen kleinen Döldchen zusammengesetzt; der Stengel wird bis über einen Meter hoch.
Die Blüten sind oft etwas grünlich oder hellrosa gefärbt.

(21)

Das Echte Labkraut
fällt durch seinen Honigduft auf.
Die zitronengelben Blüten stehen in reichen Rispen.
Labkraut wurde früher zur Käsebereitung verwendet.
In den Blättern ist Lab enthalten; es bringt Milch zum Gerinnen.

(25)

Der Sauerampfer ●
ist Ende Mai, Anfang Juni auf manchen Wiesen in Massen zu sehen.
Die Pflanze enthält einen sauer schmeckenden Stoff, der giftig ist.

(24)

Das Zittergras
hat herzförmige Ährchen, die an dünnen Stielen hängen und schon beim geringsten Lufthauch zittern.

⑯ ⑰ ㉔

Das Wiesenrispengras
ist ein sehr häufiges Wiesengras. Die Rispe ist bläulichgrün, manchmal violett überlaufen.

⑯ ⑰ ㉔

Das Knäuelgras
ist leicht zu erkennen:
Viele kleine Ährchen sind zu dicken Knäueln zusammengedrängt.

⑯ ⑰ ㉔

Das Wiesenfuchsschwanzgras
kommt sehr häufig vor.
Die nach unten zugespitzte Walze — der „Fuchsschwanz" — besteht aus kleinen Ährchen, die sich abstreifen lassen.
Die Staubgefäße sind zuerst violett, später rot.

⑯ ⑰ ㉔

Das Tagpfauenauge
hat eine auffallende Augenzeichnung auf Vorder- und Hinterflügeln.
Der Falter fliegt schon zeitig im Frühjahr.

(41) (47)

Der Admiral
ist an den roten Bändern und weißen Flecken sehr gut zu erkennen.
Im Hochsommer ist er auch auf Bäumen in Gärten zu finden; er saugt austretende Säfte.

(41)

Der Kaisermantel
hat viele ähnliche Verwandte; sie heißen Perlmutterfalter.
Der Kaisermantel hat auf der Unterseite der Hinterflügel weißliche, wie Perlmutter schimmernde Flecke.
Man kann ihn häufig auf Brombeer- und Himbeersträuchern sehen.

(41)

Der Trauermantel
fällt durch den hellgelben Saum seiner Flügel auf.
Er fliegt von April bis Oktober und ist auch in Wäldern zu sehen.

(41) (47)

Der Kleine Fuchs
kommt sehr häufig vor.
Man erkennt ihn an der rotgelben Farbe und an den schwarzgelb gefleckten und bläulichen Randstreifen.

(41)

Der Schwalbenschwanz
hat eine besondere Form der Hinterflügel: Jeder Flügel hat einen Fortsatz (Ansatz), das „Schwänzchen".

(41) (47)

Der Große Kohlweißling
ist ab Mai in Scharen auch auf Gemüsebeeten zu sehen.
An der Unterseite von Kohlblättern kann man oft Eier und Puppen des Kohlweißlings finden.

(41) (47)

Der Zitronenfalter
überwintert unter Laub und erscheint zeitig im Frühjahr wieder.
Er ist an der zitronengelben Farbe leicht zu erkennen.

(41) (47)

Bläulinge
kann man auf Wiesen und Waldlichtungen bis hinauf ins Gebirge sehen.
Bei manchen Bläulingsarten sind nur die Männchen blau gefärbt, die Weibchen aber sind braun.

(41) (47)

Die Grüne Laubheuschrecke
wird auch **Heupferd** genannt.
Sie sucht auf Bäumen und Sträuchern Nahrung. Ihre Beute fängt sie in kurzen Fangsprüngen. Sie kann auch weit fliegen. Die Männchen zirpen durch Aneinanderreiben der Vorderflügel.

(40) (47)

Die Feldheuschrecke
hat kurze, aufrecht stehende Fühler. Mit den kräftigen Sprungbeinen kann sie bis zu zwei Meter weit springen. Durch Reiben der Hinterbeine über die Vorderflügel „musizieren" die Feldheuschrecken.

(40)

Die Feldgrillen
leben einzeln in selbstgegrabenen Erdlöchern. Feldgrillen sind selten zu sehen; ihr lautes, eintöniges Zirpen (Aneinanderreiben der Flügel) ist vom Mai bis tief in den Sommer hinein zu hören.

Der Rosenkäfer
ist goldgrün gefärbt; er schimmert auch kupferartig.
Seine Nahrung holt er sich aus Heckenrosen und Holunderblüten; er nährt sich von zarten Blütenblättern und Staubgefäßen.

(47)

Der Mistkäfer
ist an der glänzendblauen Farbe gut zu erkennen.
Er gräbt unter Dunghaufen tiefe Gänge mit Seitenstollen und legt seine Eier hinein.

(47)

Schnellkäfer
können aus der Rückenlage acht bis zehn Zentimeter in einem steilen Bogen in die Luft schnellen und auf den Beinen landen.
Es gibt viele Arten von Schnellkäfern; alle haben einen schlanken, spindelförmigen Körper.

(47)

Der Siebenpunkt
ist ein **Marienkäfer.**
Er hat auf den Flügeldecken sieben schwarze Flecken.
Der Siebenpunkt überwintert als Käfer und kommt bereits im März aus seinem Versteck.

(47)

Die Honigbiene
fliegt schon im Vorfrühling, um
Blütenstaub und Nektar zu
sammeln.

(41)

Die Hummel
fällt durch ihren dicken Leib und
den bunten Haarpelz auf.
Sie hat einen langen Rüssel.

Die Wespe
erkennt man an der schwarz-gelben
Zeichnung (Ringelung) am
Hinterleib.
Auffallend ist auch die schmale
„Wespentaille".

Die Hornisse
ist eine Verwandte der Wespe.
Sie ist besonders groß und etwas
rotbraun gefärbt.
Stiche der Hornisse sind sehr
gefährlich.

Die Schwarze Wegameise
ist eine sehr kleine Ameise (3 bis 4 mm).
Sie legt ihr Nest in der Erde oder unter Steinen an und errichtet oft Erdhügel, die von Kammern und Gängen durchzogen sind.

Die Gelbe Wiesenameise
ist besonders klein (2 bis 4 mm).
Sie baut Kuppelnester, die häufig mit Maulwurfshügeln verwechselt werden.

Die Schaumzikade
ist ein winziges Tier (5 bis 6 mm); sie kann sehr weit springen.
Die Larven der Schaumzikade bilden an manchen Pflanzen (Wiesenschaumkraut, Kuckuckslichtnelke) Schaumflocken, im Volksmund ,,Kuckucksspeichel'' genannt.

Feld und Wegrand

Wo sich heute weite Felder ausdehnen, waren früher zumeist Wälder. Das Feld ist ein vom Menschen geschaffener Lebensraum, der vor allem seiner Ernährung dient. Der Mensch baut Pflanzen an und pflegt und schützt sie. Er bekämpft die Unkräuter und die Schädlinge des Feldes. Viele Unkräuter sind schon ganz aus dem Feld verschwunden; man findet sie nur noch an Wegrändern und auf Schuttplätzen.
Bis zur Ernte beleben Rehe, Hasen, Wiesel, Mäuse, Hamster und zahlreiche Vögel und Insekten das Feld. Sie finden hier reichlich Nahrung und Schutz. Auf das abgeerntete Feld kommen noch einige Tiere zur Nachlese.
Das Feld ist ein künstlicher Lebensraum. Wildwachsende Pflanzen und Tiere können nur dann im Feld leben, wenn sie für die Lebensbedingungen, die der Mensch geschaffen hat, eingerichtet sind.

Schone das Feld!
Achte die Arbeit des Bauern!

Der Roggen
wächst besonders hoch
(bis zwei Meter).
In den langen Ähren sind
graugrüne Körner.

⑮

Die Gerste
wird nicht so hoch wie der Roggen
oder der Weizen.
In den flachen Ähren sind die
Körner zumeist in zwei Reihen sehr
regelmäßig angeordnet.
Auffallend sind die sehr langen
Grannen.

⑮

Der Weizen
hat schwere, goldgelbe Ähren.
Auf unseren Feldern wird zumeist
grannenloser Weizen gebaut.

(15)

Der Hafer
ist an den Rispen und an den spitzen
Körnern sehr gut zu erkennen.

(15)

Der Mais
wird auch **Kukuruz** genannt.
Die Pflanze kann bis drei Meter hoch werden.
Die Körner reifen an dicken Kolben; die Rispe an der Spitze der Pflanze enthält den Blütenstaub.
Alle Teile der Maispflanze werden verwertet.

⑮

Die Kartoffelpflanze ●
ist eine Staude; sie blüht weiß oder violett und hat grüne, kugelige, giftige Früchte.
Wir essen die Kartoffelknolle, einen unterirdischen Teil der Pflanze.

⑲

Der Raps
dient als Futterpflanze, vor allem aber zur Ölgewinnung.
In den Früchten (Schoten) sitzen an einer Scheidewand die ölhaltigen Samen.
Im Mai fallen die Rapsfelder durch das leuchtende Gelb der Blüten auf.

(18)

Die Blaue Luzerne
liefert wertvolles Grünfutter und Heu.
Die violetten und blauen Blüten stehen in dichten Trauben.
In Luzernefeldern breiten sich häufig auch Rotklee und Weißklee aus.

Die Ackerwinde
kriecht am Boden oder windet sich an anderen Pflanzen empor. Die trichterförmigen Blüten verblühen sehr rasch. Die Ackerwinde ist ein besonders lästiges Unkraut; aus den meterlangen, unterirdischen Ausläufern entstehen immer neue Pflanzen.

(24)

Der Klatschmohn
hat große, auffallend rote Blütenblätter und dunkle Staubgefäße. Die Blätter und der Stengel sind mit abstehenden Borsten besetzt. Die Pflanze enthält einen weißen Milchsaft. Aus den trockenen Fruchtkapseln werden die Samen durch den Wind herausgeschüttelt.

Die Ackerkratzdistel
ist eine besonders häufig vorkommende Distelart. Sie hat stachelige Blätter. Der Stengel ist stark verästelt.
(24)

Die Große Klette
fällt durch ihre Höhe (bis eineinhalb Meter) und durch die sehr großen Blätter auf.
Die kugeligen Blütenkörbchen haben Hüllblätter mit hakenartig umgebogenen Spitzen. Sie bleiben als „Kletten" an vorbeistreifenden Tieren und Menschen hängen.

Die Kornblume
fällt durch die kräftige blaue Farbe der Blüten auf.
Die äußeren Blüten des großen Körbchens sind oft wie ein Trichter geformt.

(24)

Die Gemeine Wegwarte
hat strahlendblaue Blütenkörbchen, die nur wenige Stunden geöffnet sind.
Aus den Wurzeln der Wegwarte wurde in früherer Zeit Kaffee-Ersatz (Zichorienkaffee) bereitet.

Der Feldrittersporn
hat eine besonders auffallende Blütenform.
Die Blüte hat einen langen Sporn, der Nektar enthält. Sie wird von Hummeln besucht.

(24)

Der Blaue Natternkopf
wird kaum mit einer anderen Pflanze verwechselt.
Aus trichterförmigen Blüten ragen die Staubgefäße und der Griffel hervor („Schlangenzungen").
Die Blüten sind anfangs rotviolett, später blau.

(24)

Der Ackersenf
ist ein häufig vorkommendes Unkraut.
An der Pflanze sieht man gleichzeitig Blüten und Früchte (Schoten).

Das Schöllkraut ●
ist eine giftige Pflanze; es enthält einen orangegelben Milchsaft.
Der Milchsaft wurde früher in der Volksheilkunde als Mittel gegen Warzen verwendet.

Das Hirtentäschelkraut
hat dreieckig-herzförmige, taschenartige Früchte.
Auf einer Pflanze sind zugleich Blüten und Früchte.
Das Hirtentäschelkraut ist bis zum Eintritt des Frostes zu finden.

(24)

Die Zypressenwolfsmilch ●
enthält einen scharfen, giftigen Milchsaft.
Die grünlichgelben Blüten haben einen ganz besonderen Bau.
Der Stengel ist mit schmalen Blättern dicht besetzt.

(24)

Die Großblütige Königskerze
ist stark behaart; sie hat auch den
Namen **Wollkraut.**
Es gibt sehr viele Arten von Königskerzen. Alle wachsen auf trockenen Plätzen und fallen durch ihre Größe auf.

(24)

Der Huflattich
blüht schon Anfang März.
Ein sicheres Erkennungszeichen sind die Blattschuppen am Stengel. Die großen, hufförmigen Blätter erscheinen erst nach der Blütezeit, Ende April.

(24)

Das Gemeine Leinkraut
wird wegen der Form der Blüten auch **Kleines Löwenmaul** genannt.
An den „Mäulchen" fällt der orangegelbe Fleck auf.
Der lange Sporn der Blüte ist mit Nektar gefüllt, der von Hummeln und Bienen gesammelt wird.

(24)

Das Ackerstiefmütterchen
hat eine ähnliche Blütenform wie das Veilchen.
Die Blüten sind weißlichgelb, hellviolett oder dreifarbig.

Die Echte Kamille
unterscheidet sich durch ihren kräftigen Duft und durch den gewölbten, hohlen Blütenboden von der Hundskamille.
Die Echte Kamille ist eine Heilpflanze; sie wird von Tee-Erzeugern angebaut.

(25)

Das Gemeine Greiskraut
auch **Kreuzkraut** genannt, blüht bis in den späten Herbst hinein.
Der Name Greiskraut kommt von den weißen Haaren der Früchte, die nach dem Verblühen zu sehen sind.

(24)

Das Weiße Marienröschen
heißt auch **Weiße Nachtnelke.**
Die Blüten sind während des Tages fast geschlossen und sehen verwelkt aus. Sie öffnen sich erst gegen Abend vollständig und duften.

(24)

Der Mittlere Wegerich
ist wie der Spitzwegerich eine alte Heilpflanze.
Man erkennt ihn an den ovalen Blättern und an der walzenförmigen Ähre.

(Der Spitzwegerich hat spitze, schmale Blätter und eine kurze Ähre.)

Die Feldlerche
fliegt trillernd steil in die Luft empor; sie singt auch im Rütteln (rasches Flügelschlagen in der Luft an einer Stelle).
Die Feldlerche ist etwas größer als ein Sperling.
Die Farbe ihres Gefieders paßt gut zur Bodenfarbe des Feldes.

(31) (35)

Die Goldammer
ist größer als ein Sperling.
Kopf, Hals und Unterseite des Männchens leuchten kräftig gelb.
Die Goldammer holt sich Getreidekörner und Unkrautsamen aus dem Feld.

(31) (32) (47)

Der Stieglitz
ist ein besonders bunt gefärbter Vogel.
Er ist kleiner als ein Sperling.
Der Stieglitz frißt gerne die Früchte der Disteln; er heißt daher auch Distelfink.
Sein Ruf ist nicht zu verwechseln: „Tiglitt! Tiglitt!“

(31) (32)

Die Haubenlerche
ist größer als ein Sperling.
Sie hat eine spitze Federhaube — einen Schopf — auf dem Kopf.
Ihr Gefieder ist auf der Oberseite erdfarben.
Sie läuft auf dem Boden, hüpft aber nie.
Haubenlerchen kann man auch auf Straßen, in Parkanlagen und auf Lagerplätzen sehen.

(47)

Die Elster
fällt durch ihren besonders langen, schillernden Schwanz und durch ihr schwarz-weißes Gefieder auf.
Sie ist kleiner als eine Krähe.
Elstern suchen in kleinen oder größeren Scharen nach Futter; sie kommen auch in Gärten und Parkanlagen.

(31)

Das Rebhuhn
hat kurze, abgerundete Flügel und einen kurzen, rotbraunen Schwanz; auffallend ist auch der rostrote Kopf. Aufgescheuchte Rebhühner fliegen mit lauten, schnellen Flügelschlägen davon.
Ihr Ruf ist ein durchdringendes „Girhäck! Girhäck!"

(31) (35)

Der Fasan
ist ein großer Vogel mit auffällig langem Schwanz.
Der Hahn hat einen schillernden, dunkelgrünen Kopf.
Fasane kann man im freien Gelände und in Auwäldern sehen. Auf die Felder kommen sie zur Nahrungssuche.

Der Mäusebussard
zieht über Wiesen und Feldern seine Kreise. Er stürzt sich mit angelegten Flügeln auf seine Beute.
Der Mäusebussard ist am langsamen Flügelschlag, am ausgebreiteten, abgerundeten Schwanz und an den breiten Flügeln zu erkennen.

(47)

Der Turmfalke
ist auch in den Städten zu sehen. Er hat einen langen, schmalen Schwanz mit schwarzem Band und lange spitze Flügel.
Man erkennt den Turmfalken am besten am ,,Rütteln'': Es gelingt ihm, durch schnelle Flügelschläge in der Luft scheinbar an einer Stelle zu ,,stehen''.

(47)

Fliegen
haben nur ein Paar Flügel und einen Rüssel, der zum Lecken und Saugen dient.

Die Goldfliege
schillert grün.
Sie kommt in Massen auf Kot, z. B. auf Kuhfladen vor.

(47)

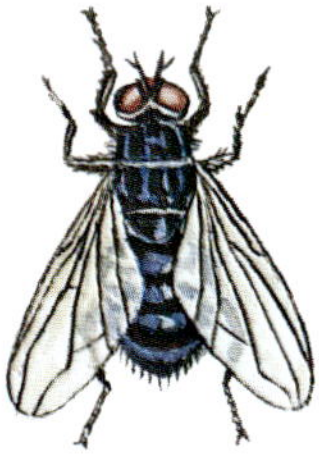

Die Schmeißfliege
ist stahlblau, ihr Körper ist behaart.
Sie legt ihre Eier auf Kot und auf verendete Tiere.
Schmeißfliegen kommen auch in die Wohnungen; sie summen laut („Brummer").

Die Regenbremse
ist an schwülen Sommertagen besonders angriffslustig und eine Plage für Tiere und Menschen.
Nur die weiblichen Bremsen stechen und saugen Blut; die Männchen sind Blütenbesucher.

(47)

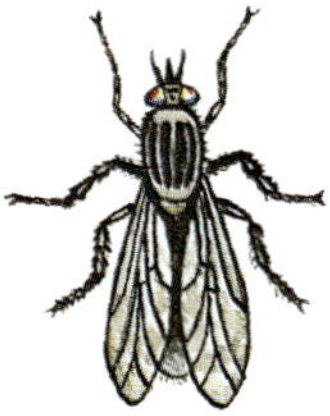

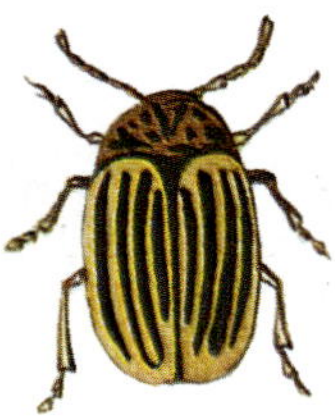

Der Kartoffelkäfer
ist an den schwarzen Längsstreifen auf den gelben Flügeldecken zu erkennen.
Die rötlichen Larven fressen die Kartoffelstauden kahl.
Der Kartoffelkäfer muß bekämpft werden.

(47)

Wasser

Ob See oder Teich, Bach oder Fluß — jedes Gewässer ist ein reich gegliederter Lebensraum.
In der Uferzone, im freien Wasser und am Grunde der Gewässer gibt es bestimmte Pflanzen und Tiere. Sie leben ständig oder vorübergehend im Wasser. Sie sind dem Lebensraum angepaßt und vielfach voneinander abhängig.
Bäume und Sträucher bilden das Ufergehölz, in dem verschiedene Vögel nisten; größere Tiere haben hier ihr Versteck.
Am Ufer der Gewässer lebt auch eine Unzahl von Insekten und Schnecken. Im Schilf finden vor allem Wasservögel reichlich Nahrung und Schutz.
Im schlammigen Grund verschiedener Gewässer wurzeln Wasserpflanzen; dort wohnen Schnecken und Muscheln.
Frösche, Kröten und Unken machen ihre Entwicklung im Wasser durch und leben nachher auch außerhalb des Wassers. Fische können überhaupt nur im Wasser leben.
Der Mensch nutzt Tiere und Pflanzen vieler Gewässer.
Er braucht sauberes Wasser zum Trinken, zum Waschen und zum Baden.
Sehr viel Wasser wird auch für die Industrie benötigt.

**Wir müssen alles tun,
um unsere Gewässer rein zu halten!**

Die Schwarzerle
ist an den eingebuchteten Blättern zu erkennen.
Das Laub der Schwarzerle fällt im Herbst grün ab.
Die dunkelbraunen, holzigen Früchte enthalten die Samen.

①

Die Korbweide
ist ein Strauch mit sehr langen, schmalen Blättern.
Die meist unverzweigten, biegsamen Zweige (Ruten) werden zu Flechtarbeiten verwendet.
Es gibt viele Arten von Weiden. Einige haben ähnlich geformte Blätter wie die Korbweide.

① ⑩

Der Rohrkolben
wächst im Schilfgürtel an Gewässern; er wird über zwei Meter hoch.
Die Pflanze fällt im Herbst durch die schwarzbraunen, samtigen Kolben auf, die aus unzähligen kleinen Früchten bestehen.

(24)

Das Schilfrohr
bildet am Rande von Seen und Teichen oft ein undurchdringliches Dickicht.
Die kräftigen, elastischen Halme erreichen eine Höhe bis zu vier Meter.
Die rostbraune Blütenrispe sieht wie ein Federbusch aus.

(24)

Die Seerose
ist eine wunderschöne Blume.
Sie wurzelt im Schlammgrund;
Blätter und Blüten schwimmen auf dem Wasser.
Die Blüten sind vom Morgen bis in den späten Nachmittag geöffnet.
Abends werden sie unter den Wasserspiegel gezogen.
Die Seerose steht unter Naturschutz.

(24)

Die Wasserschwertlilie, ●
auch **Sumpfschwertlilie** genannt,
wächst an den Ufern verschiedener Gewässer und in Sümpfen.
Sie hat lange, schwertförmige Blätter.
Die dunkelgelben Zeichen auf den äußeren Blütenblättern zeigen den Insekten den Weg zum Nektar.
Die Wasserschwertlilie ist geschützt.

(24)

Die Sumpfdotterblume
hat fettig glänzende, dottergelbe Blüten.
Auch die dunkelgrünen, etwas fleischigen Blätter glänzen.
Fliegen und Käfer, Bienen und Hummeln finden in der Blüte reichlich Nektar und große Mengen Blütenstaub.

(24)

Das Sumpfvergißmeinnicht
hat auf dem Acker und im Wald Verwandte.
Der Name „Vergiß-mein-nicht" bezieht sich auf die Unscheinbarkeit der Pflanze.
Interessant ist der Wechsel der Blütenfarbe von rosa (Knospen) nach blau (geöffnete Blüten).

(24)

Die Stockente
ist die häufigste Wildentenart auf unseren Gewässern.
Das Weibchen ist graubraun gefärbt, das Männchen — der Erpel — hat im Winter und im Frühjahr einen glänzendgrünen Kopf und einen schmalen, weißen Streifen um den Hals.

(31) (36)

Das Bläßhuhn
ist schwarz und kleiner als eine Ente. Es hat einen auffallenden weißen Stirnfleck (Blässe!) und einen weißen Schnabel.
Schwimmende Bläßhühner machen mit dem Kopf unaufhörlich ruckartige Bewegungen.

(47)

Die Lachmöwe
ist etwas größer als eine Taube.
Sie kommt in großen Scharen als Wintergast an unsere Flüsse.
Ihr Gefieder ist im Winter weiß; im Sommer ist der Kopf schokoladebraun.
Die Lachmöwe ist eine ausgezeichnete Fliegerin.

(33)

Die Wasseramsel
ist ein dicker Vogel; sie ist kleiner als eine Amsel.
Die weiße Brust und der „abgestutzte" Schwanz sind sichere Erkennungszeichen.
Man kann die Wasseramsel an Bächen beobachten: Sie knickst, wippt mit dem Schwanz und läuft am Grunde der Bäche gegen die Strömung, um Nahrung zu suchen.

(47)

Die Bachstelze
ist etwas größer als ein Sperling.
Man sieht sie in Wassernähe, aber auch in Gärten und in Parkanlagen, auf Wiesen und auf Feldern.
Die Bachstelze ist eine gewandte Läuferin und Fliegerin.
Mit ihrem auffallend langen, schwarzen Schwanz wippt sie ständig.

(47)

Der Grüne Wasserfrosch
hat einen grünen oder gelbgrünen Rücken mit dunklen Flecken und drei hellen Linien.
Er ist ein ausgezeichneter Schwimmer und Springer.
Wasserfrösche verbringen die meiste Zeit ihres Lebens im Wasser.

(37) (47)

Der Braune Grasfrosch
ist an seinem braunen Rücken und an den gestreiften Hinterbeinen zu erkennen.
Er lebt auf Wiesen und in Wäldern, wenn es dort genügend feucht ist.
Zur Eiablage und zum Überwintern sucht er das Wasser auf.
Der Braune Grasfrosch ist geschützt.

(37) (47)

Der Laubfrosch
bewohnt Bäume und Stäucher, ist aber im Frühjahr am und im Wasser (Eiablage) zu finden.
Mit Hilfe der Haftballen an den Fingern und Zehen kann der Laubfrosch auch an ganz glatten, senkrechten Flächen hinaufklettern.
Der Laubfrosch steht unter Naturschutz.

(37) (47)

Die Erdkröte
hat eine plumpe, gedrungene Gestalt. Sie hüpft unbeholfen oder kriecht auf allen vieren.

Die graubraune Haut ist mit dicken Warzen bedeckt, die einen scharfen, brennenden Schleim absondern. Die Erdkröte ist geschützt.

Der Feuersalamander
ist auffallend schwarz-gelb gefärbt. Er kommt nachts und bei Regenwetter aus seinem Versteck hervor. Bei Gefahr spritzt er einen scharfen, giftigen Saft aus, der auf der Haut Entzündungen hervorrufen kann. Der Feuersalamander steht unter Naturschutz.

(47)

Die Ringelnatter
ist an den zwei gelben Halbmonden am Hinterkopf leicht zu erkennen. Sie hat einen grauen Rücken und eine schwarz-weiß gewürfelte Unterseite.

Die Ringelnatter schwimmt sehr gut. Sie hält sich zumeist an sonnigen, bewachsenen Ufern verschiedener Gewässer auf.

Die Ringelnatter ist eine geschützte Schlange.

Der Karpfen
ist in Seen und langsam fließenden Flüssen zu finden. Er wird auch in Fischteichen gezüchtet.
Der Karpfen ist ein beliebter Speisefisch.

(39)

Die Rotfeder
ist an den roten Flossen gut zu erkennen.
Auffallend ist auch die weiß-silberne Farbe des Fisches.

(39) (47)

Elritzen
huschen nahe an der Wasseroberfläche in Scharen dahin.

(39)

Gründlinge
sind kleine Fische mit fast rundem Körper.
Sie leben am Grunde der Gewässer und schwimmen in Schwärmen.

(39) (47)

Der Hecht
ist in fast allen Gewässern zu Hause. Man erkennt ihn am walzenförmigen Körper und an dem abgeflachten Maul, das einem Entenschnabel ähnlich sieht.
Die Rückenflosse sitzt weit hinten.

(39)

Der Flußbarsch
ist ein farbenprächtiger Fisch.
Er hat zwei Rückenflossen; aus der vorderen ragen Stacheln hervor.

(39)

Die Bachforelle
lebt in reinen, kalten, rasch fließenden Gewässern.
Forellen sind verschieden in Körperform und Färbung. Fast alle haben rote oder orangefarbene und schwarze Tupfen.
Hinter der Rückenflosse steht eine kleine Fettflosse.

(39)

Die Blaugrüne Mosaikjungfer
ist eine große Libelle.
Sie ist die schnellste Fliegerin unter den Insekten.
Sie hat auffallend große Augen und einen sehr beweglichen Kopf.
Wenn die Blaugrüne Mosaikjungfer ruht, hat sie die Flügel weit ausgebreitet.

(47)

Die Schlankjungfer
ist eine kleine Libelle.
Sie hat einen nadeldünnen, langen Hinterleib.
Sie fliegt langsam taumelnd; in Ruhestellung sind die Flügel nach oben zusammengeschlagen.

(47)

Wasserläufer
sieht man in großer Zahl auf Tümpeln und Teichen.
Mit den ungewöhnlich langen Beinen gleiten sie sehr flink auf der Wasseroberfläche dahin.

(47)

Gebirge

Beim Aufstieg auf einen hohen Berg führt der Weg durch verschiedene Pflanzengürtel: durch Laubwald, Mischwald, Nadelwald, Krummholz (Latschen) und über Matten (Almwiesen) bis zur Schneegrenze. Auch oberhalb der Schneegrenze wachsen noch Pflanzen.

Gebirgspflanzen müssen starke Temperaturunterschiede, scharfe Winde und große Trockenheit überstehen; sie sind dafür besonders ausgestattet.

Viele der schönen und farbenprächtigen Alpenpflanzen wurden in manchen Gebieten durch den Menschen fast ausgerottet und stehen daher unter Naturschutz.

Auch Tiere des Hochgebirges, wie Gemse, Steinbock, Murmeltier, Schneehase, Steinadler, Schneehuhn, haben schwere Lebensbedingungen. Sie müssen strenge, lange Winter und auch manche Naturkatastrophe überstehen.

Der Mensch findet im Gebirge Ruhe und Erholung, er erlebt dort aber auch Abenteuer und Gefahren.

Er verwertet, was dieser Lebensraum ihm bietet — vor allem Holz und Wasserkraft.

Der Mensch sollte in die Lebensbedingungen der Tiere und Pflanzen möglichst wenig eingreifen.

Schütze die Alpenpflanzen!
Störe und verfolge kein Tier!

Der Stengellose Enzian
hat große, dunkelblaue Blüten, die auf kurzen Stengeln sitzen.
Bei sonnigem Wetter sind die Blüten weit geöffnet.
Der Enzian steht unter Naturschutz.

(28)

Der Schwalbenwurz-Enzian
hat an einem Stengel mehrere kräftig blaue Blüten mit sehr kurzen Stielen.
Auffallend sind die eiförmigen, lang zugespitzten Blätter, die immer zu zweit stehen.
Die Pflanze ist geschützt.

(28)

Der Blaue Eisenhut ●
ist eine giftige Pflanze.
Er ist an den violettblauen, helmartigen Blüten sehr gut zu erkennen.
Der ,,Helm'' ist außen behaart.
Der Blaue Eisenhut ist geschützt.

(24) (28)

Die Teufelskralle
ist mit keiner anderen Blume zu verwechseln.
Die dunkelblauen oder violetten, kugeligen Köpfchen sind aus vielen kleinen Blüten zusammengesetzt, die vor dem Aufblühen gekrümmt sind.

(24)

Das Kohlröserl
ist eine Orchidee; es steht unter
Naturschutz.
Es gibt schwarzviolett, rosa und rot
blühende Kohlröserlarten.
Die Pflanze ist auch an dem zarten
Vanilleduft erkennbar.

(25) (28)

Die Zyklame ●
ist eine geschützte Pflanze.
Man erkennt sie an der karminroten
Farbe und an dem besonderen Bau
der Blüte.
Die Blätter sind immergrün und
zeigen auf der Oberseite eine
silbrige Zeichnung.
Die Zyklame duftet.

(25) (28)

Das Gemeine Heidekraut
blüht vom Sommer bis in den Herbst hinein.
Es ist an der dunkelrosa Blütenfarbe und an den kleinen, dachziegelartig angeordneten Blättern zu erkennen.

(Das Gemeine Heidekraut ist mit dem Frühlingsheidekraut verwandt.)

(28)

Die Rostblättrige Alpenrose,
auch **Rostroter Almrausch**
genannt, hat purpurrote, glockige Blüten.
An den lederigen, immergrünen Blättern fällt die rostrote Unterseite auf.
Die Alpenrose ist geschützt.

(Die Pflanze ist mit dem Rauhblättrigen Almrausch verwandt.)

(24) (28)

Der Krokus
überzieht mit seinen kleinen weißen und lila Blüten gleich nach der Schneeschmelze die Bergwiesen.

(In Gärten und Parkanlagen blühen die großen weißen, violetten und gelben Gartenkrokusse.)

Das Alpenglöckchen ●
oder die **Soldanelle** ist ein zartes Blümchen.
Es erscheint sofort nach der Schneeschmelze.
Die hellviolette, glockige Blüte sieht gefranst aus.
Das Alpenglöckchen ist geschützt.

Die Bergaurikel,
auch **Petergstamm** genannt, sieht der Schlüsselblume ähnlich.
Die kräftig gelben Blüten haben einen weißen Schlund.
Die fleischigen, weißlichgrünen Blätter speichern Wasser und Nährstoffe.
Die Aurikel ist eine geschützte Pflanze.

(28)

Das Edelweiß
ist eine seltene Pflanze und daher streng geschützt.
Es wächst auf Felsen und auf steinigen Wiesen.
Auffallend ist die dichte Behaarung, die die Pflanze vor dem Austrocknen schützt.

(24) (28)

Der Weiße Germer ●
ist eine große, giftige Pflanze.
Er kommt auf feuchten Almwiesen häufig vor.
Die Blüten sind außen grünlich und innen weiß; sie stehen in Rispen.
Auffallend sind die breiten, eiförmigen Blätter mit den deutlich sichtbaren Adern.

Der Wacholder
hat kurze, harte, stechende Nadeln.
Die Pflanze kommt als Strauch oder als Bäumchen vor.
Nur auf manchen Pflanzen findet man Früchte: grüne (unreife) und dunkelblaue (reife) Beerenzapfen.

Garten und Park

Garten und Park sind vom Menschen geschaffene Lebensräume. Sie erfreuen durch ihre Schönheit und dienen der Erholung. Sie ersetzen dem Menschen — vor allem dem Großstädter — Wiese und Wald..
In Gärten und Parkanlagen wachsen viele Arten von Bäumen und Sträuchern; manche davon sind uns vom Wald her bekannt. Unter Büschen und auf den Rasenflächen kann man einige Blumen unserer Wälder und Wiesen finden.
Auch Tiere leben in den Parks und Gärten. Besonders zahlreich sind die Vögel vertreten. Sie bevölkern als ständige Bewohner oder als Gäste unsere Grünanlagen, die ihnen Wohnung, Nahrung und Nistgelegenheit bieten.
Der Mensch freut sich über jedes Stück Natur in der Nähe seiner Wohnstätte. Er setzt Bäume, zieht Hecken, legt Rasenflächen und Beete an und pflanzt prächtige Gartenblumen.
Grünanlagen sind für die Verbesserung der Großstadtluft besonders wichtig; sie müssen unbedingt erhalten bleiben.

Schone in Gärten und Parkanlagen auch die kleinste Pflanze!
Hilf mit bei der Betreuung der Vögel!

Der Spitzahorn
ist ein häufiger Parkbaum, kommt aber auch im Wald vor.
Die Blätter haben lange, zugespitzte Lappen; sie sind im Herbst leuchtend gelb.
Die Flügel der Früchte bilden einen flachen Winkel.

(1) (6) (7)

Die Linde
bemerkt man zur Blütezeit durch ihren starken Duft.
Die herzförmigen Blätter und die Früchte mit dem Flugblatt sind sichere Erkennungszeichen.
Wir finden die Linde vereinzelt im Wald, häufig aber als Alleebaum.

(1) (6) (7) (25)

Die Birke
ist an der glänzendweißen Rinde sicher zu erkennen.
Die Blätter sind etwa dreieckig.
Die Fruchtzäpfchen zerfallen im Herbst, und kleine geflügelte Samen fallen aus.
Birken finden wir auch im Wald. Sie wachsen rasch und gedeihen auf jedem Boden.

① ⑥ ⑦

Die Pappel
wächst rasch und wird daher als Allee- und Parkbaum gepflanzt.
Wir finden Pappeln auch in feuchten Wäldern und an Fluß- und Bachufern.
Die Pappelfrüchte werden zumeist nicht beachtet, wohl aber die fliegenden Samen mit den schneeweißen, watteartigen Fasern.

① ⑥ ⑦

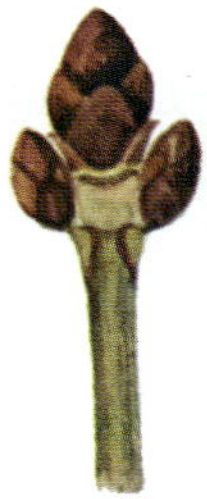

Die Roßkastanie
ist ein häufiger Zier- und Alleebaum.
Das große, zusammengesetzte Blatt
erinnert an eine Hand.
Man erkennt den Kastanienbaum
auch unbelaubt an den großen,
glänzenden, klebrigen Knospen.

① ⑤ ⑥ ⑦

Die Esche
hat zusammengesetzte Blätter; jedes
Blatt besteht aus vielen Blättchen.
Die länglichen Früchte hängen in
Büscheln an den Zweigen.
An manchen Eschen fallen die fast
schwarzen Knospen auf.

① ⑥ ⑦

Der Walnußbaum
hat sehr große, zusammengesetzte Blätter, die beim Zerreiben duften.
Die Blüten des Walnußbaumes (Blütenkätzchen) werden wenig beachtet, wohl aber die gut schmeckenden „Nußkerne".
Nußbäume können mehrere hundert Jahre alt werden; sie liefern wertvolles Holz.

(1) (7)

Die Robinie
wird auch „Falsche Akazie" genannt.
Sie ist als Park- und Alleebaum häufig zu sehen.
Jedes Blatt besteht aus vielen kleinen, eiförmigen Blättchen.
Die weißen Blüten duften sehr stark.
Die Früchte (Hülsen) hängen noch im Winter an den Zweigen.

(1) (6) (7) (25)

Der Kirschbaum
hat weiße Blüten; sie stehen an langen Stielen in dichten Dolden rund um die Äste.
Der Kirschbaum ist auch an seiner Rinde mit den quer verlaufenden „Ringstreifen" gut zu erkennen.

(8) (12)

Der Zwetschkenbaum
hat kleine grünlichweiße Blüten, die zugleich mit den Blättern erscheinen.

(8) (12)

Der Apfelbaum
blüht am spätesten von allen unseren Obstbäumen.
Die Blüten sind zart rosa und duften.

(8) (12)

Der Birnbaum
blüht weiß. An den Blüten fallen die roten Staubbeutel auf.
Die dunkelgrünen, glänzenden Blätter haben lange Stiele.

(8) (12)

Die Heckenrose
ist sehr stachelig.
Der Strauch hat blaßrote bis
hellrosa Blüten.
Die Früchte der Heckenrose
— die Hagebutten — sind verwertbar (Marmelade, Tee).
Die Heckenrose findet man in
Gärten, aber auch am Waldrand.

(7) (11) (12)

Der Flieder
ist ein beliebter Zierstrauch.
Die lila oder weißen Blüten duften.
Die Früchte (Kapseln) kann man
während des ganzen Winters am
Strauch sehen.

(11) (12) (25)

Die Forsythie
blüht sehr früh.
Die vierzipfeligen, goldgelben Blüten erscheinen vor den Blättern.
Die Forsythie kann man in vielen Gärten und in allen Parkanlagen sehen.

(11) (12)

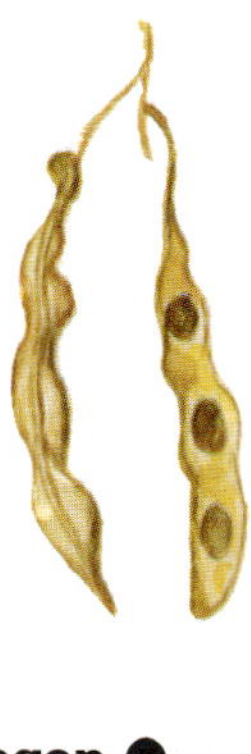

Der Goldregen ●
ist ein häufiger Zierstrauch.
An den hängenden Blütentrauben („Regen“) ist er sicher zu erkennen.
Aus den Blüten werden bräunlich-graue Hülsen.
Der Goldregen ist eine giftige Pflanze.

(7) (11) (12)

Der Schwarze Holunder
wird auch **Holler** genannt.
Die kleinen, gelblichweißen Blüten stehen in schirmförmigen ,,Sträußen" beisammen; sie duften stark.
Die schwarzglänzenden Früchte kann man gekocht essen.

(7) (11) (25)

Der Liguster ●
hat stark süßlich riechende Blüten. Sie sind klein und stehen dicht beisammen.
Im Herbst fallen die glänzend schwarzen Früchte auf; sie sind giftig.
Der Liguster wird häufig als Zierstrauch, vor allem als Hecke gepflanzt.

(7) (11) (25)

Der Rote Hartriegel
blüht weiß; viele Blüten stehen beisammen.
Die besten Erkennungszeichen sind die rötlichen, später blutroten Zweige und die bogenförmigen Blattadern.
Die blauschwarzen Früchte sind rot gestielt.

(7) (11)

Die Schneebeere
fällt durch die schneeweißen Früchte auf, die bis in den Winter hinein am Strauch hängen.
Die saftigen Beeren platzen bei kräftigem Druck mit leisem Knall („Knallerbsenstrauch").
Die kleinen, hellroten Blüten stehen in Träubchen beisammen.

(7) (11)

Der Sauerdorn
oder die **Berberitze** ist ein dicht verzweigter, dorniger Strauch. Die hochroten Früchte schmecken sauer. Sie hängen — wie die gelben, halbkugeligen Blüten — in Trauben.

(7) (11)

Der Spindelbaum ●
wird auch **Pfarrerkapperlstrauch** genannt: Die Form der Früchte erinnert an das Barett eines Priesters.
Im Mai-Juni sieht man am Strauch die kleinen, weißlichgrünen Blüten. Die Pflanze enthält Giftstoffe.

(7) (11)

Der Weißdorn
hat unangenehm riechende Blüten (Geruch nach Hering).
An den blutroten, eiförmigen Früchten sitzt ein Blütenrest.
Die Zweige haben Dornen.
Der Weißdorn ist auch als beschnittene Hecke zu sehen.

(7) (11)

Der Haselnußstrauch
blüht sehr früh.
Aus den hängenden Staubkätzchen fällt häufig schon im Februar der Blütenstaub aus.
Die Haselnüsse entstehen aus den Fruchtknoten, die in den knospenartigen Blüten mit den roten „Fäden" enthalten sind.

(7) (9) (11)

Die Gartenrose
gehört zu den schönsten Zierpflanzen.
Rosenzüchter bringen immer neue Rosensorten hervor.
Die Rose hat an den Stengeln Stacheln. (Dornen sind zugespitzte holzige Zweige.)

(12) (25)

Die Pfingstrose
hat große Blüten, die häufig — wie die Blüten der Gartenrose — gefüllt sind.
Die Pfingstrose duftet stark.

(12) (24) (25)

Die Tulpe
wird in unzähligen Arten gezüchtet. Tulpenzwiebeln legt man im Herbst in die Erde. Die ersten Tulpen blühen schon im März.

⑫ ㉗

Das Gartenlöwenmaul
hat eine besonders interessant gebaute Blüte: Die Blütenblätter bilden eine Ober- und eine Unterlippe. Durch leichten seitlichen Druck läßt sich das „Mäulchen" öffnen.

Das Löwenmaul blüht weiß, gelb, rosa, rot und violett.

⑫ ㉔

Die Hyazinthe
wird aus Zwiebeln gezogen.
Sie ist auch eine beliebte
Topfpflanze.
Hyazinthen erfreuen durch ihre
schönen Farben und durch den Duft.

⑫ ㉕

Die Weiße Narzisse
wird häufig in Gärten gepflanzt.
Die wohlriechende Blume kommt
auf feuchten Bergwiesen wild vor.

(Die Gelbe Narzisse oder der
Märzenbecher ist mit der
Weißen Narzisse verwandt.)

⑫ ㉕

Die Gladiole
hat trichterförmige Blüten; die Blätter sind schwertförmig. Gladiolen blühen in vielen Farben. Sie wachsen aus Knollen, die man im April einsetzt.

(12)

Die Schwertlilie
kommt in der Natur auch wild vor. In Gärten kann man sie in vielen verschiedenen Farben und Formen sehen.
Die Blüte ist besonders interessant gebaut.
Die schwertförmigen Blätter erinnern an die Blätter der Gladiole.

(12) (24)

Die Ringelblume
ist eine beliebte Zierpflanze.
Ringelblumen blühen orangefarben und gelb.
Man kann sie vom Juni bis in den Herbst in den Gärten sehen.

(12)

Die Dahlie
gedeiht am besten in voller Sonne.
Dahlien werden in vielen Farben und Formen gezüchtet.
Die Knollen der Dahlien bewahrt man während des Winters in einem frostfreien Keller auf und setzt sie im Frühjahr wieder ein.

(12)

Die Aster
sieht man in fast allen Gärten.
Es gibt viele Arten von Astern.
Besonders farbenprächtig sind die Sommerastern; sie blühen weiß, rosa und rot bis blauviolett.

(12)

Der Sonnenhut
sieht der Sonnenblume ähnlich.
Der gewölbte Blütenboden erinnert an einen Hut.

(12) (24)

Der Haussperling
oder **Spatz** ist das ganze Jahr hindurch in der Nähe unserer Wohnungen.
Das Männchen ist lebhafter gefärbt als das Weibchen.
Durch das graue Käppchen unterscheidet sich der Haussperling vom Feldsperling, der ein rotbraunes Käppchen hat.

(31) (32)

Der Buchfink
ist ungefähr sperlingsgroß.
Er ist durch seinen ,,Regenruf'' bekannt: ,,Pink! Pink!''
Das Männchen hat einen blaugrauen Scheitel und rötliche Wangen.
An den Flügeln fallen die zwei weißen Binden, am Schwanz die weißen Kanten auf.

(31) (32)

Der Grünling
ist ein wenig größer als ein Sperling.
Er hat ein deutlich gelbgrünes Gefieder. Auffallend ist auch sein heller, kräftiger Schnabel.
Der Gesang des Grünlings ist dem Gesang des Kanarienvogels ähnlich.

(31) (32) (47)

Die Kohlmeise
ist so groß wie ein Sperling.
Sie ist von allen Meisen am häufigsten zu sehen.
An der gelben Unterseite und an dem glänzendschwarzen Käppchen ist sie leicht zu erkennen.
Der Ruf der Kohlmeise ist sehr bekannt: „Zizibe! Zizibe!“

(31) (32) (47)

Die Blaumeise
ist etwas kleiner als die Kohlmeise.
Ihr Käppchen, ihre Flügel und der Schwanz sind glänzend blau gefärbt.

(31) (32) (47)

Der Kleiber
hat ungefähr die Größe eines Sperlings.
Er kann an Baumstämmen kopfabwärts laufen.
Die blaugraue Oberseite und der schwarze Streifen beim Auge fallen besonders auf.

(31) (32)

Der Star
ist etwas kleiner als eine Amsel.
Das Männchen hat ein dunkles Gefieder, das rötlich und grünlich schillert.
Die Stare kommen häufig schon im Feber aus dem Süden zurück.
Im Herbst kann man Stare in großen Scharen sehen.

(31)

Das Rotkehlchen
ist ungefähr sperlingsgroß.
Es sieht rundlich (halslos) aus.
An der orangeroten Brust und Stirn und an dem weißen Bauch ist es gut zu erkennen.

(31) (32) (47)

Der Gartenrotschwanz
hat ungefähr Sperlingsgröße.
Sein rostrotes Schwänzchen ist unaufhörlich in Bewegung.
Die rostrote Brust und die schwarze Kehle sind ebenfalls sichere Erkennungszeichen.

(31) (47)

Die Rauchschwalbe
erkennt man an der rostroten Kehle und an dem tief eingeschnittenen Schwanz mit den zwei langen, schmalen Zipfeln, den Schwanzspießen.
Das Nest der Rauchschwalbe ist aus Kot und Stroh „aufgemauert"; es ist oben offen.

(31) (47)

Der Mauersegler
nistet in Mauerlöchern.
In der Großstadt kommt er häufiger vor als die Schwalbe.
Der Mauersegler ist ein ausgezeichneter Flieger, den man nie sitzen sieht.
Sein schrilles, langgezogenes „Srih! Srih!" ist weithin zu hören.

(31) (47)

Die Amsel
ist selbst in kleinen Grünanlagen
und Höfen zu finden.
Sie sitzt häufig auf erhöhten
Plätzen (Hausgiebeln, Baumwipfeln)
und singt.
Das Männchen hat ein schwarzes
Gefieder und einen auffallend
gelben Schnabel.

(31) (32)

Die Saatkrähe
ist ein Wintergast in Parkanlagen
und auf Plätzen in der Stadt.
Sie hat ein blauschwarz schillerndes
Gefieder.
Der Schnabel ist am Grunde nackt
und grindig.

(Die Nebelkrähe erkennt man an der
grauen ,,Weste''. Der Schnabel hat
am Grunde Federborsten.)

(31) (34)

Anhang

Was du als Naturbeobachter und Naturforscher arbeiten kannst:

(Mit Hilfe der Seitenangaben findest du die Abbildungen der zu einem bestimmten Auftrag passenden Pflanzen und Tiere.)

(1) Sammle Blätter, presse sie, klebe sie auf steifes Papier und schreibe den Namen der Pflanze dazu! Klebe auch die dazugehörigen Früchte auf! 18, 19, 100, 124 bis 127

(2) Sammle Fichten- und Föhrenzapfen und probiere, ob noch Samen ausfallen! Lege einen geöffneten Zapfen in das Wasser und beobachte die Schuppen! 20, 21

(3) Vergleiche an einer Föhre oder an einer Lärche reife und unreife Zapfen! 19, 21

(4) Trachte, auf dem Christbaum-Markt an den Tannenbäumen aufrecht stehende Zapfenreste — Spindeln — zu finden! 20

(5) Beobachte die Roßkastanie das ganze Jahr hindurch! Schreibe auf, wann du zum ersten Mal entfaltete Blätter, entfaltete Blüten, abgeworfene Früchte, verfärbtes Laub, fast kahle Bäume . . . sehen konntest! 126

(6) Parkbäume werden häufig zeitig im Frühjahr gestutzt! Nimm einige Zweige, stelle sie ins Wasser und bringe sie in einen warmen Raum! Beobachte das Entfalten der Knospen! Führe ein Tagebuch! 124 bis 127

(7) Viele Bäume unserer Gärten und Parkanlagen sind im Wald, viele Garten- und Parksträucher am Waldrand oder neben Wiesen und Feldern zu finden. Stelle fest, wo du die einzelnen Bäume und Sträucher häufig gesehen hast! 124 bis 127, 130 bis 135

(8) Stelle einen kleinen Zweig eines Obstbaumes ins Wasser und bringe ihn in einen warmen Raum! Beobachte das Aufblühen! 128, 129

(9) Stelle einen Haselzweig mit jungen Kätzchen im warmen Zimmer ins Wasser! Miß von Zeit zu Zeit die Länge der Kätzchen und vergleiche mit den Kätzchen im Freien! 135

(10) Lasse einen Weidenzweig mit Kätzchen längere Zeit im warmen Raum im Wasser stehen und stelle fest, ob du an den Kätzchen Staubgefäße oder Stempel entdecken kannst! 100

(11) Manche Sträucher sind leichter an ihren Blüten, andere besser an den Früchten zu erkennen. Stelle im Laufe des Jahres mit Hilfe des Buches fest, woran du die einzelnen Sträucher am besten erkennst! 130 bis 135

(12) In Samenhandlungen und Baumschulen kannst du Bildkataloge von Obstbäumen, Ziersträuchern und Gartenblumen bekommen. Lege dir damit eine Bildersammlung an! 128 bis 131, 136 bis 141

(13) Zerlege vorsichtig reife Brombeeren und Himbeeren! Du wirst entdecken, daß die „Beeren“ aus vielen einzelnen, kugeligen Früchten bestehen. 22

(14) Sammle zum Zubereiten nur Pilze, von denen du sicher weißt, daß sie eßbar sind! Wirf keinen Pilz um! Pilze sind Nahrung für Tiere. 24 bis 27

(15) In gemischtem Vogelfutter findest du neben Sonnenblumenkernen Körner aller Getreidearten! Ordne und bestimme die Körner! Bringe gequollene Körner auf feuchter Watte zum Keimen! Beobachte, miß und zeichne und schreibe jeden zweiten Tag auf, was du entdeckt hast! 78 bis 80

(16) Zähle, wie viele verschiedene Gräser du auf einem Stück Wiesenrand findest! 66, 67

(17) Stelle einige Gräser zu Hause ins Wasser und beobachte das Aufblühen! 66, 67

(18) Zerdrücke einen Rapssamen in einem gefalteten Papier und erkläre den so entstandenen Fleck! 81

(19) Setze gegen Ende des Winters treibende Kartoffeln in ein Kistchen mit Erde oder Sand ein und beobachte, wie die Pflanzen wachsen! 80

(20) Grabe eine Wilde Möhre mit der Wurzel aus und vergleiche mit der Karotte! 64

(21) Zähle, wie viele kleine Tiere gleichzeitig auf einer Blütendolde des Bärenklaues oder der Wilden Möhre zu sehen sind! 64

(22) Vergleiche die Früchte (Hülsen) und Samen der Frühlingsplatterbse mit den Früchten und Samen der Gartenerbse! Setze einige Gartenerbsen in einen Blumentopf und beobachte, wie die Pflanzen wachsen und sich verändern! 35

(23) Drücke die reife Frucht des Springkrautes am unteren Ende leicht zwischen Zeigefinger und Daumen und beobachte, was geschieht! 33

(24) Erkläre den Namen der Pflanze! 24 bis 39, 50 bis 58, 61 bis 67, 82 bis 91, 101 bis 103, 115 bis 119, 136, 137, 139, 141

(25) Präge dir den Geruch der Pflanze ein! 30, 31, 34, 63, 65, 90, 116, 124, 127, 130, 132, 136, 138

(26) Merke dir, auf welcher Wiese du blühende Herbstzeitlosen gefunden hast und suche im folgenden Frühjahr nach Blättern und Früchten der Pflanzen! 56

(27) Stelle Tulpen in einer Vase abwechselnd in einen warmen und in einen kühlen Raum! Beobachte das Öffnen und Schließen der Blüten! Lasse Tulpen nach dem Verblühen einige Tage in der Vase stehen! Du kannst nun den sehr groß gewordenen Fruchtknoten der Länge nach durchschneiden und die kleinen, unreifen Samen darin sehen. 137

(28) Beachte und „studiere" in der Schule, in Bahn- und Seilbahnstationen, in Berghotels und Schutzhütten die Bildtafeln geschützter Pflanzen! Präge dir diese Pflanzen besonders gut ein! Mache deine Freunde und Bekannten auf geschützte Pflanzen aufmerksam! 38, 39, 52, 56, 114 bis 119

(29) Schreibe auf, wann du das Trommeln des Spechtes im Frühjahr zum ersten Mal gehört hast! 40

(30) Schreibe auf, wann du den Kuckucksruf im Frühjahr zum ersten Mal gehört hast! 41

(31) Vögel kann man an ihren Stimmen erkennen. Stelle den Ruf oder den Gesang einiger dir bekannter Vögel fest und präge ihn dir ein! Versuche auf Spaziergängen und Ausflügen einzelne Vögel an ihren Stimmen zu erkennen! 41, 92 bis 94, 104, 142 bis 146

(32) Beobachte die Vögel beim Futterhaus! Stelle fest, was und wie sie fressen, und füttere sie! 92, 142 bis 144, 146

(33) Füttere Möwen und beobachte, wie sie das Futter im Flug auffangen! 105

(34) Krähen kommen in der kalten Jahreszeit täglich von ihren Schlafplätzen in die Parkanlagen. Beobachte die Krähenzüge am Morgen und vor Einbruch der Dunkelheit! Suche im Schnee Krähenspuren und zeichne sie! 146

(35) Vergleiche die Färbung des Rebhuhns mit der des Feldhasens und mit der der Feldlerche! Erkläre, welche Bedeutung die Färbung für die Tiere hat! 92, 94

(36) Beobachte, wie eine Ente ihre Federn einfettet! Gieße über eine Entenfeder Wasser und erkläre, wieso die Feder nicht naß wird! 104

(37) Ende Mai, Anfang Juni findest du in Tümpeln zu Klumpen verklebte Froscheier (Laich). Beobachte einige Zeit später auch die Kaulquappen im Tümpelwasser! 106

(38) Eine Schnecke darfst du einige Tage in einem großen Glas zu Hause halten. Füttere sie mit Salatblättern! Beobachte, wie sie kriecht, frißt, die Fühler aus- und einstülpt, sich in das Haus zurückzieht....! Bringe sie wieder an den Fundort zurück! 43

(39) Fische kannst du sehr gut im Fischbehälter einer größeren Fischhandlung oder in einem Aquarium beobachten. Stelle fest, wie der Fisch schwimmt, steuert, frißt, atmet...! 108, 109

(40) Beobachte die Sprünge der Heuschrecke und miß oder schätze die Entfernung! Vergleiche mit der Körperlänge des Tieres! 71

(41) Beobachte Schmetterlinge, Bienen und Hummeln beim Blütenbesuch! Stelle fest, welche Pflanzen von den einzelnen Tieren beflogen werden! 68 bis 70, 73

(42) Beobachte an einem gefangenen Maikäfer, wie er frißt und wie er sich vor dem Abflug mit Luft vollpumpt! 44

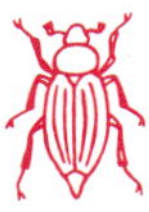

(43) Beobachte das Tun und Treiben auf einer Ameisenstraße! Lege einen abgenagten Hühnerknochen auf einen Ameisenhaufen und beobachte, was geschieht! Schaue nach ein paar Tagen nach! 46

(44) Entferne vorsichtig vom Stengel des Wiesenschaumkrautes oder der Kuckuckslichtnelke eine Schaumflocke und suche das kleine Tier, das sich darin entwickelt! 57, 58, 74

(45) Suche nach Rindenstücken mit Fraßgängen des Buchdruckers! 45

(46) Öffne einen Gallapfel und suche nach dem kleinen Lebewesen, das sich aus dem Ei der Gallwespe entwickelt hat! Betrachte es durch ein Vergrößerungsglas! 46

(47) Erkläre den Namen des Tieres! 44 bis 46, 68 bis 72, 92, 93, 95, 96, 104 bis 108, 110, 142 bis 145

Verzeichnis der Pflanzen

Verzeichnis der Tiere

Beobachtungstafel

Beobachte die Natur im Laufe des Jahres!
Beachte besonders, wann du ein Tier im Jahr zum ersten Mal siehst oder hörst und wann die Pflanzen in voller Blüte stehen!
Trage das Datum deiner Beobachtung in die Tabelle ein!

Beobachtung	Seite	Jahr....	Jahr....	Jahr....
Kohlmeise singt	143			
Haselstrauch blüht	135			
Schneeglöckchen blüht	28			
Amsel singt	146			
Forsythie blüht	131			
Erster Zitronenfalter	70			
Erste Biene	73			
Erster Grasfrosch	106			
Erster Marienkäfer	72			
Buntspecht trommelt	40			
Kastanienknospen brechen auf	126			
Schlüsselblume blüht	50			
Rauchschwalbe zurück	145			
Kuckuck ruft	41			
Sumpfdotterblume blüht	103			
Kirschbaum blüht	128			
Apfelbaum blüht	129			
Tulpe blüht	137			
Flieder blüht	130			
Roßkastanie blüht	126			
Erste Weinbergschnecke	43			

Beobachtung	Seite	Jahr....	Jahr....	Jahr....
Erster Maikäfer	44			
Mauersegler zurück	145			
Erste Heuschrecke	71			
Maiglöckchen blüht	31			
Holunder blüht	132			
Froschkonzert	106			
Grillen zirpen	71			
Gras blüht	67, 68			
Wiesen bunt	52 – 67			
Wilde Möhre blüht	64			
Getreide blüht	78, 79			
Erster Grasschnitt	67, 68			
Kirschen reif	128			
Heidelbeeren reif	23			
Getreideernte	78, 79			
Aster blüht	141			
Äpfel reif	129			
Herbstzeitlose blüht	56			
Roßkastanie reif	126			
Blattfall der Roßkastanie	126			
Krähen in der Stadt	146			
Möwen in der Stadt	105			
Bäume kahl	18, 19 124–129			
Erster Schnee				

NATUR- UND UMWELTBÜCHER
von Gertrude Maurer

Gesamtauflage mehr als 230.000

Pflanzen und Tiere um uns
Ein erstes, Interesse weckendes Bestimmungsbuch für Kinder ab acht Jahren in zwei Bänden.

Band 1: 160 Seiten, zahlreiche Farbfotos und Zeichnungen
ISBN 3-7141-5265-2
Band 2: 176 Seiten, durchgehend farbig illustriert
ISBN 3-7141-5259-8

Wer war denn das?
Dieses Buch ist ein äußerst nützlicher Begleiter und ermöglicht Erkennen und Bestimmen vieler Spuren und Zeichen in der Natur.

128 Seiten, durchgehend illustriert
ISBN 3-7141-5249-0

Steine um uns
Mit diesem Titel ist eine umfassende Einführung in dieses faszinierende Gebiet unserer Welt gegeben.

144 Seiten, zahlreiche Farbfotos und Zeichnungen
ISBN 3-7141-5279-2

Unsere Umwelt
Mit den Kapiteln „Umwelt erleben, verstehen, erforschen und schützen" wird eine tiefgreifende Information zu diesem aktuellen Problem vermittelt.

176 Seiten, zahlreiche Abb.
ISBN 3-224-15216-8